创造你自己的机器人

ROBOTICS

[美]凯西·切切里/著
[美]塞缪尔·卡布/插画
王欢/译

U0298374

长江出版传媒|湖北人民出版社

图书在版编目(CIP)数据

创造你自己的机器人/[美]凯西·切切里著,[美]塞缪尔·卡布插画;王欢译.
武汉:湖北人民出版社,2015.1
(酷玩百科·趣味科学系列)
书名原文:Robotics
ISBN 978-7-216-08121-4
Ⅰ.创… Ⅱ.①凯…②塞…③王… Ⅲ.机器人—少儿读物 Ⅳ.TP242-49
中国版本图书馆CIP数据核字(2014)第018747号

出 品 人:袁定坤
责任部门:大众纪实分社
责任编辑:曾若雪
封面设计:武汉尚上创意工作室
责任校对:胡晨辉
责任印制:王铁兵 谢 清
法律顾问:王在刚

出版发行:湖北人民出版社
地址:武汉市雄楚大道268号
印刷:三河市金元印装有限公司
邮编:430070
开本:889毫米×1092毫米 1/16
印张:9.25
版次:2015年1月第1版
印次:2018年1月第2次印刷
字数:148千字
定价:35.00元
书号:ISBN 978-7-216-08121-4

本社网址:http://www.hbpp.com.cn
本社旗舰店:http://hbrmcbs.tmall.com
读者服务部电话:027-87679656
投诉举报电话:027-87679757
(图书如出现印装质量问题,由本社负责调换)

目录

时间轴：机器人和机器人学的发展史

1464年	意大利艺术家、发明家列奥纳多·达·芬奇（Leonardo da Vinci）设计了第一个机械骑士。
1801年	法国的丝绸制造商约瑟夫·玛丽·雅卡尔（Joseph Marie Jacquard）设计出了一台可自动编织不同图案的机器。
1822年	英国的数学家查尔斯·巴贝奇（Charles Babbage）从雅卡尔的创意中获得灵感，创造出了一台机械计算器。
1842年	英国的爱达·勒芙蕾丝（Ada Lovelace）为巴贝奇的发明编写出了早期的计算程序。
1898年	世界上第一个遥控装置由塞尔维亚裔美籍发明家尼古拉·特斯拉（Nikola Tesla）发明。
1921年	“机器人”一词第一次出现在捷克作家卡雷尔·恰佩克（Kanel Capek）的剧本《罗素姆的万能机器人》中。
1941年	美国的科幻作家艾萨克·阿西莫夫（Isaac Asimov）在他的《我，机器人》一书中首次使用了“机器人学”一词。
1947年	晶体管的发明使设计出更小、更轻、可移动的计算机和机器人成为可能。
1958年	价格低廉的紧凑型微处理器几乎可以为各种类型的电气装置添加计算功能。
1961年	“通用机械手”是首个在工厂使用的机器人，它在新泽西通用汽车厂工作。
1966年	“伊莉扎”（Eliza）是最早的可以和人交谈的聊天机器人，由麻省理工学院的约瑟夫·魏泽堡（Joseph Weizenbaum）设计。
1967年	数学家西摩尔·派普特（Seymour Papert）开发了“Logo语言”，让学生们用来给乌龟机器人编程。
1986年	日本本田公司开始研发步行机器人——阿西莫（ASIMO）。
1989年	机器人物理学家马克·特尔顿（Mark Tilden）发明了结构简单而又外形逼真的太阳能BEAM机器人。

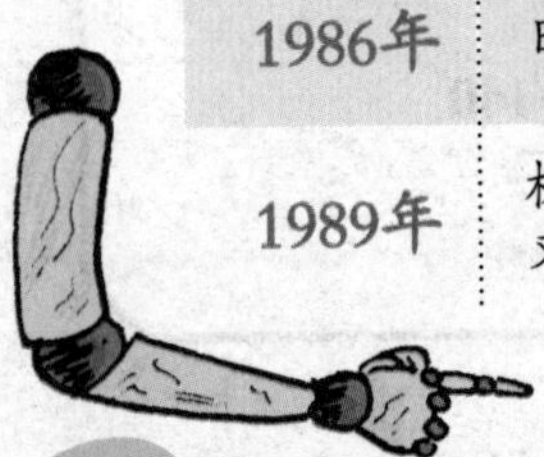

1989年	国际象棋世界冠军加里·卡斯帕罗夫（Garry Kasparov）战胜了IBM的计算机棋手“深思”（Deep Thought）。
1992年	发明家狄恩·卡门（Dean Kamen）创立了FIRST“机器人科技挑战赛”，并在1992年迎来了第一个赛季。
1997年	IBM的机器人棋手“深蓝”（Deep Blue）战胜了加里·卡斯帕罗夫。
1998年	机器人“凯斯梅特”（Kismet）能模拟人类的多种面部表情。
1998年	乐高（LEGO）集团推出了“头脑风暴机器人发明系统”。
1999年	美国直觉外科公司（Intuitive Surgical）推出“达芬奇外科手术系统”（da Vinci Surgical System）。
2001年	自9月11日世界贸易中心遭袭后，救援人员便开始使用军用机器人“魔爪”（Talon）。
2002年	美国iRobot公司推出了第一个家用机器人——“伦巴”（Roomba）清扫机器人。
2004年	美国国家航空航天局的两架飞行器“勇气号”（Spirit）和“机遇号”（Opporturity）开始探索火星。
2004年	WowWee公司推出了人形机玩具“罗伯萨皮尔”（Robosapien）。
2008年	索尼公司开发的机器狗“爱宝”（Aibo）与真狗一样善于为敬老院的老人解闷。
2010年	互联网搜索公司谷歌测试塞巴斯蒂安·特龙（Sebastian Thrun）发明的无人驾驶汽车。
2011年	日本大地震后，iRobot公司向日本捐赠了PackBots背负式机器人，用于调查遭洪水破坏的核电站。
2011年	在FLL国际性机器人比赛中，一女童军团队凭借发明的机器人手BOB-1赢得了20000美元。
2012年	美国医院正在使用“动力外骨骼”，帮助瘫痪病人再次行走。

机器人的世界　导　言

欢迎来到神奇的机器人世界！还记得电影《星球大战》、《机器人总动员》中的机器人吗？以前，我们只能在科幻小说中看到机器人，可现在，生活中到处都有机器人的身影！

词汇点睛

机器人：能够感知、思考及行动的机器装置。

机器人学：与机器人设计、制造、控制及操作相关的科学。

技术：为做某事而使用的科学的或机械的工具和方法。

工程：用数学和其他自然科学的原理来设计有用物体的进程。

科幻小说：小说的背景设定在未来，内容与其他世界以及想象的科学和技术有关。

人形机器人：外形看起来跟人类很像的机器人。

机器人能做许多不同类型的工作，比如装配大型汽车、组装微型计算机芯片、协助医生进行精细的外科手术。或许你还能拥有一个帮你清扫房间或修剪草坪的机器人。在战场上，机器人常用于搜寻隐藏的炸弹。我们还派遣机器人去探索深邃的海洋和广袤的宇宙。

当然，机器人并不只是为我们做一些危险、棘手或枯燥的工作，它还可以跟我们一起玩耍，能遵循我们的指令，读懂我们的情绪并给予回应；宠物机器人还能陪伴养老院的老人；音乐机器人能为音乐家伴奏。

机器人学是与机器人设计、制造、控制及操作相关的科学。

制造机器人需要具备STEM方面的知识。STEM即指科学（science）、**技术**（technology）、**工程**（engineering）与数学（math）。许多不同领域的专家都会来参与制造机器人，他们中间有动植物学家、人类学家，还有发明家、建筑师、设计师、艺术家。

趣事儿

1941年出版的一篇短篇小说中第一次出现了“机器人学”一词。在《我，机器人》一书中，**科幻小说**作家艾萨克·阿西莫夫描写了在地球和外太空工作的**人形机器人**。该小说于2004年被拍摄成电影，由好莱坞影星威尔·史密斯主演。

制作机器人是一项广受欢迎的活动。大人和小孩都喜欢用成套的工具或自己找到的零件来制造属于他们自己的机器人。机器人爱好者们在家中，或和同伴在机器人俱乐部里设计出了各种各样有趣的机器人。

机器人或许只是一台机器，但是有很多人想把机器人打造得跟真人一样。或许有一天，我们会让机器人看起来跟我们人类一模一样。

创造你自己的机器人

《创造你自己的机器人》一书中所涉及的活动会激发你的灵感，让你充分利用自己的技能和想象为那些棘手的问题找出富有创造性的解决方案。与机器人打交道自然需要摆弄各种各样的电子设备。

词汇点睛

电子设备：由微电子器件组成的电器设备。

回收：将坏掉的或不再使用的东西变废为宝。

本书中的大多数活动都不需要特别的设备或工具。你可以使用普通的手工材料和回收的零件。

在哪里能找到零件？

找零件是件简单而有趣的事，通过收集的零件，你不需要花费很多钱便可以自制简单的机器人模型。

回收的玩具和家用设备：你可以在家中、旧货摊或二手货商店中找到可重复

安全第一！

在拆卸物件时应先征得大人的同意，并且应在大人的帮助下打开较难打开的物件。如果拆卸的物件中有电线，应首先确认已拔去电源插头，然后让大人把电线剪下并扔掉！

埃德·索贝所著的《拆卸》一书中提供了许多在回收设备（比如玩具水枪和遥控玩具）中寻找有用零件的创意和指南。以下是他在书中给出的部分安全提示：

戴防护眼镜，可在五金店或网上买到。

在拆卸物件之前，最好弄清楚它是如何组装的，然后以同样的方式将其拆卸。

如果你需要撬开某物，身体与它的距离要远一点。

在拆开诸如摄像机这样的电气装置时，应留心**电容器**。电容器看起来像一个小桶或有两条“腿”（线）的电池，用于存储电能，如果你不小心碰到了电线，则可能遭受电击。因而为确保安全，握螺丝起子时只能握木制或塑料制的把手，然后用螺丝起子的金属端敲击电容器的两条“腿”。如果它还有电，那么在它放电时你还会看到小火花。多敲击几次，直到不再出现火花。

词汇点睛

电容器：存储电能并在需要时可立刻放电的电器元件（就像电池一样）。

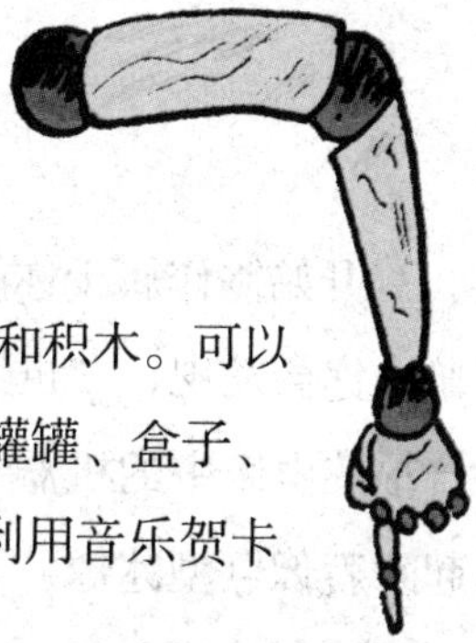

利用的电机、开关、金属线、电池、LED灯泡、管材、泵等。

可以利用木制、金属或塑料零件，比如拆装玩具、建造模型和积木。可以使用旧遥控车以及鼠标、键盘等计算机零件。利用旧玩具、瓶瓶罐罐、盒子、玩具车及CD来制造机器人的身体、轮子、手臂及腿。你还可以利用音乐贺卡中的微型扬声器。

家庭普通用品和手工材料：可以用硬纸板、木头、铝箔纸及胶水来制作机器人的身体和电路。你也可以给机器人涂色，装饰珠串、可以转动的眼睛、洗管器及其他装饰品，让你的机器人更有个性。工艺品商店也出售玩具配件（手臂、腿以及眼睛）、泡沫芯板、工艺泡沫板以及其他有用的材料。

十元店和折扣店：寻找小型的、廉价的手持式电风扇、电动牙刷、收音机、迷你电筒、计算器以及容易拆开的地灯。

电子商店和玩具店：能找到太阳能电池板、伺服电机、开关、电线、电池等材料。

有关机器人、科学、电子设备的网站：上网搜寻机器人套件、电路板以及微控制器。

机器人到底是什么?

开始制作属于你的机器人之前，让我们先来了解一下机器人的起源。如果查阅字典，你会发现，“机器人”的定义是：外观和行为跟人类很像的机器。其实，这只适合描述电影中的机器人，在现实生活中，机器人的形式多种多样：家用清扫机器人看起来就像巨型冰球，工厂中的机器人只是机械手臂，还有一些机器人的形状像汽车、昆虫，甚至像房子!

在大多数机器人专家看来，机器人就是一个具备“感知、思考、行动”循环功能的机器。

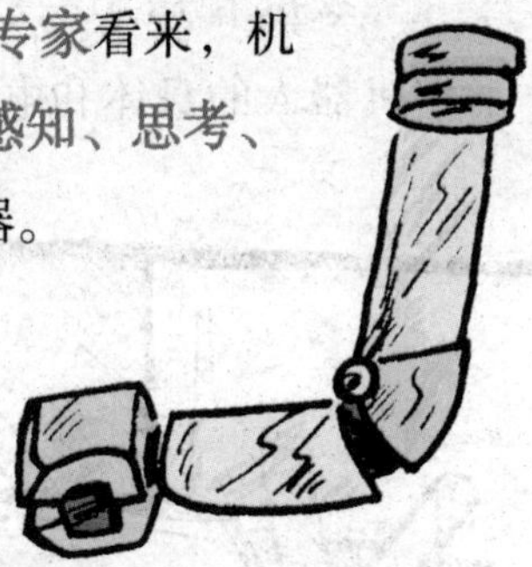

感知：接收信息，了解周围发生了什么。

思考：分析获取的信息并决定下一步的行动。

行动：做出影响外界的行为。

词汇点睛

机器人专家：研究机器人的科学家。

“感知、思考、行动”循环：机器人的决策过程。

仿生：借了解生物的结构和功能原理，来研制新的技术和新的机械。

机器人学和生物工程

生物工程是指以生物学为基础，运用科学、数学以及建造技术的新兴科学。机器人生物工程师设计出的机器能够让人们的生活更美好。2011年，一个来自美国爱荷华州的女童军团在FLL机器人世锦设计大赛上设计出了“BOB-1**仿生**手”。制作这只仿生手用到了可塑性塑料、握笔器及尼龙搭扣。BOB-1帮助一位先天手指残缺的女孩丹妮尔在3岁的时候第一次拿起了铅笔。而BOB-1的设计也帮助她们赢得了20000美金的奖金。

为完成这一循环，机器人至少应配备3个不同的部件，即探测周围情况的传感器、对传感器所探测到的情况作出反应的控制器，以及能采取行动的效应器。

机器人还可以配备其他部件，比如驱使机器人从一个地方移动到另一个地方的驱动系统，以及容纳机器人各个零件的身体外壳。在这本书中，你可以了解到更多有关机器人部件的知识，你自己也会尝试制作一些简单部件！

词汇点睛

传感器：在机器人学中，传感器是探测外界情况的装置。

控制器：能够对传感器所探测的情况作出反应的开关、计算机。

效应器：让机器人采取影响外界行动的装置（比如手形爪、工具、激光束或显示板）。

驱动系统：轮子、腿以及其他驱使机器人移动的部件。

计算机：一种存储和处理信息的装置。

微型控制器：跟微型计算机类似的微型装置。

无脑机器人

当然，并不是所有的机器人专家都认同有关机器人的“感知、思考、行动”的定义。一些机器人专家认为机器人是可以自行采取行动的机器，即便是没有“大脑”的机器人也能够行动自如，而有些机器人则是随意乱走，还有些机器人会自动对传感器接收的信号作出反应。

这些不带**计算机**或**微型控制器**但可以采取行动的简易机器人吸引了越来越多的研究者和机器人爱好者。与带有控制器的机器人相比，这一类型的机器人的价格更低廉且容易制造。科学家也可把它们当作模型，用于制造更加复杂的机器人。

试一试

它们到底是不是机器人

你如何确定一个装置是否符合机器人的“感知、思考、行动”定义呢？有一种方法是按照**流程图**中的步骤进行测试。流程图用于设计**计算机程序**。不同形状的框代表不同类型的行动。椭圆形的框表示“开始”或“结束”，菱形的框则含有一个待回答的问题，箭头表示要执行什么命令。

现在，我们按照第10页流程图所示步骤来确定装置是否符合“感知、思考、行动”的定义。你可以按照步骤5的建议来测试：首先，按照第9页右上角的清单列出你所见过的这些装置及其组成部件，然后根据这些信息来回答第10页流程图中的问题，这样你就知道它们是不是机器人啦！

词汇点睛

流程图：展示问题解决步骤的图表。

计算机程序：一组指示计算机按步骤处理信息的指令。

数据：这里指计算机处理的信息，通常是以数字形式表示。

所需材料

- 计算机，或纸和铅笔

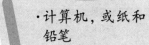

1 在纸上或计算机上制作一份列表，列表分为“传感器”、“控制器”及“效应器”4栏。

2 在“设备”栏下，列出可能称得上是机器人的普通电器或装置（可以参考步骤5的建议）。

3 在“传感器”栏中写下第一台设备的传感器类别。如果没有传感器，则在此栏下写“无”。接下来填写“控制器”栏和“效应器”栏。

它们到底是不是机器人?

设备	传感器	控制器	效应器
电视机	光传感器	遥控	电视屏幕
计算器			
干衣机			
烟雾探测器			

4 将设备清单填写完整。

5 使用流程图（第10页），从流程图顶部的椭圆形开始。顺着箭头的指示方向，根据列表中的**数据**回答菱形框中的问题。

建议考察的设备：

- 电视机
- 车库自动开门装置
- 计算器
- 干衣机
- 超市自动门
- 电动牙刷
- 烟雾探
- 测器
- 自动给皂机

“它们到底是不是机器人”流程图

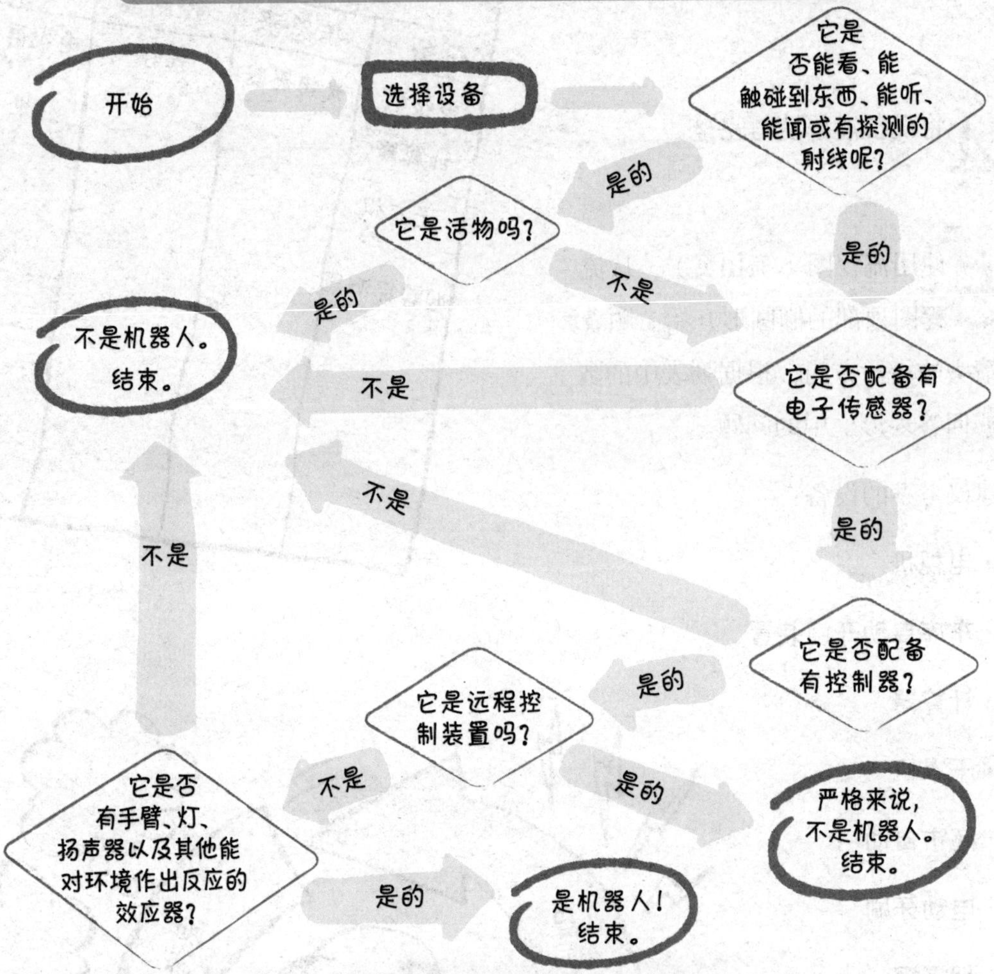

答案：它们到底是不是机器人？

电视机：有光传感器（遥控），遥控，电视屏幕。
车库自动开门装置：有触觉传感器或运动传感器（遥控），遥控，开门装置。
计算器：有键盘（触觉传感器），微型控制器，显示屏。
干衣机：有温控断路开关，无控制器，有电机。
超市自动门：有运动传感器，无控制器，有电机。
电动牙刷：有开启/关闭开关，无控制器，有电机。
烟雾探测器：有烟雾传感器，无控制器，有警报器。
自动给皂机：有运动传感器，无控制器，有电机。

机器人的发展　第一章

直到20世纪40年代人类发明了电子计算机，才使制造出能自行感知、思考及行动的机器人成为可能。在此之前，**自动机**为我们做了很多工作，还为我们带来了许多欢乐。

词汇点睛

自动机：这里指能够自己运作的机器。

传说早在公元前200年，就有一支西方的机械化乐队作为贡品被进献给了东方的国王。这支乐队使用了风管和绳子，用手一拉便能使机械乐手演奏长笛与弦乐器。1600多年之后，12岁的列奥纳多·达·芬奇（后成为意大利著名艺术家和发明家）设计了一个机械骑士。这个机械骑士身着盔甲，能够端坐着，还能移动手臂和脑袋。在1555年左右，一位名叫吉安内罗·托利亚诺（Gianello Torriano）的意大利钟表匠发明了一个机械少女，只要拧上发条，这个少女就会绕着一个圈转动，同时弹奏鲁特琴（六弦琴的一种）。如今，你可以在奥地利维也纳博物馆中看到“弹鲁特琴的少女”。

不久后，发明家们就开始逐渐使用自动机。1801年，一位名叫约瑟夫·玛丽·雅卡尔的法国丝绸织工发明了一台织布机，这台机器可以在织布过程中自动编织图案。

什么是“公元前”？什么是“公元”？

日期的结尾处时常带有英文字母BCE或CE，这究竟是什么意思呢？事实上，CE指的是“公元”，也就是从耶稣诞生之年开始计算的年份，第一年便是公元1年，而年份后面有时候就带上字母CE。公元1年之前的年份则常常带有BCE，这指的便是“公元前”。随着时间的推移，公元前年份的数字会变得越来越小，因而公元前的年份看起来就像是在向后倒退。比如：一个在公元前300年出生的小孩会在公元前290年满10岁。你可以把它理解成是到公元的倒计时。

词汇点睛

穿孔卡片：一种有孔的薄纸片，利用孔洞位置或其组合来表示信息。穿孔卡片会给机器或者计算机发布指令。

无线电发射机：收音机中可以发送信号的部分。

反馈：将行为结果信息返回给行为执行者/机器。

交流：与其他人或机器共享信息。

图灵测试：一种测试计算机是否具备人类智能的方法。

1822年，英国的数学家查尔斯·巴贝奇在他的分析机（一种机械计算器）上安装了**穿孔卡片**。他的朋友爱达·勒芙蕾丝夫人为帮助巴贝奇的机器解决某些数学方面的问题，设计出了一系列的程序。勒芙蕾丝的成果被公认为是世界上最早的计算机程序。1898年，电气先驱者尼古拉·特斯拉在纽约展示了一艘由**无线电发射机**控制的机械船，这是世界上第一台遥控装置。

计算机化机器人的研究始于第二次世界大战之后。1948年，数学家诺伯特·维纳（Norbert Wiener）出版了著作《控制论》，书中对比了人类和机器的行为方式。他发现人类和机器都会通过**反馈**、**交流**以及控制来作决策及采取行动。1950年，计算机科学家艾伦·图灵开发出**图灵测试**，该测试能判定计算机是否具备人类智能。要想通过这个测试，计算机必须要让人们误认为自己是在和另外一个人交谈。

趣事儿

1921年，作家卡雷尔·恰佩克在他的剧本《罗素姆的万能机器人》中首次创造了“机器人”一词。这个词源自捷克语ROBOTA，意为“苦役”。该书讲述了机器人工人制造商罗素姆万能机器人公司的故事。故事中机器人奋起反抗它们的人类雇主，试图成为新的世界统治者。

1959年，麻省理工学院（MIT）创建了一个专门研究人工智能（AI）的实验室。人工智能就是机器具有像人类一样思考的能力。麻省理工学院在机器人研究领域始终处于领先地位。

虚构的机器人

最有名的机器人似乎还是小说中的主角们。在古希腊神话中，铁匠之神赫准斯托斯用青铜制造了一个名为塔罗斯（Talos）的巨人，并让这个巨人来守卫克里特岛。还有一些著名的虚构机器人如下。

玛利亚（Maria）：这个金属人形机器人出现在1927年的无声电影《大都会》中。这也是电影史上的首部机器人电影。一群坏人把玛利亚伪装成真人，利用它来蛊惑劳碌辛苦的工人。

计算机“哈尔9000”（HAL 9000）：在电影《2001太空漫游》中，机器人哈尔控制了一艘宇宙飞船，并且跟人类宇航员一起工作。它的“身体”就是飞船，在飞船的舱体上有两个发光的圆形红灯，那就是它的眼睛。虽然它并不是恶魔，但是后来哈尔出现了一点小故障，导致它想把所有的宇航员都除掉。

R2-D2和C-3PO：1977年电影《星球大战》中的助手机器人一直都是最出名的。R2-D2的外形看起来像一个大滚筒，它只能用哔哔声和口哨声来进行“交谈”。C-3PO是一个金色的金属机器人，它会说很多种语言。它们与卢克天行者及他的朋友们一起反抗帝国和邪恶的达斯·维德。

机器人瓦力（WALL-E）：这个盒形的机器名叫瓦力，出现在2008年的同名动画片《机器人瓦力》中，它是地球上最后一个工作机器人。当地球上的所有人都登上太空飞船后，只剩下瓦力独自清扫他们留下来的成堆垃圾。一个更高级的机器人伊芙为寻找生命的迹象来到地球上，瓦力爱上了伊芙，并跟她一起开始了探险之旅。

今天，人们以各种各样的方式制造、研究及使用机器人。在家中，人们指挥机器人做日常工作。政府机器人研究人员研制出了专门用于军事和科学探险的机器人，这种机器人的体力与耐力极好。机器人爱好者和艺术家们为机器人增添了更多的创意，他们使用成套材料、零件及回收设备来制造机器人。商人则和工程师一起想办法让机器人变得更便宜并且更实用，由此吸引更多公司和个人来购买。

趣事儿

费城富兰克林研究所展示有一个工作型自动机。该自动机是亨利·马伊雅德特（Franklin Institute）于1810年制造的，它看上去像一个身着小丑服饰的男孩，会用法语和英语写诗。这个自动机的制造灵感来源于布莱恩·塞尔兹尼克（Brian Selznick）的著作《雨果·卡布雷的发明》和电影《雨果》。

家用机器人

2002年，商店开始出售“罗姆巴”（Roomba）清扫机器人。这是第一个广受欢迎的家用机器人。其他常用的家用机器人还有割草机、地板清洁器及游泳池清洁器。

移动网络摄像头能让我们远程监控家里或者办公室的情况。只要有因特网，用手机或游戏控制器便可控制移动网络摄像头。

词汇点睛

因特网：一个通讯网络，可以让全世界的计算机共享信息。

可“下命令”的机器人

自推出“罗姆巴”清扫机器人后，许多机器人爱好者就开始尝试**修改**它的程序，看看自己是否也能给它“下命令”。所以公司又专门推出了可编程的“创意机器人”（Create）。现在，机器人爱好者可以自己为“创意机器人”编写程序，让它们打印激光标签和跳舞。

词汇点睛

修改：这里指利用电子技术设置命令来改变装置的功能。

智能之家：房间内所有的电子设备都被电脑监测或控制。

仿真电动：利用电子装置使玩偶或其他逼真的人形玩具自行移动。

20世纪90年代，微软公司的创始人比尔·盖茨在华盛顿州西雅图市附近建造了“**智能之家**”。经过编程，当主人走进智能之家时，它就会自动开灯、调节室温及播放主人最喜欢的音乐。

玩具中的机器人

机器人套件和玩具不是孩子的“专利”，成人业余爱好者和研究人员也可以利用它们轻松地组装机器人模型。“乐高头脑风暴机器人”（LEGO Mindstorms）便是第一代可编程的机器人套件之一，该机器人采用一种由麻省理工学院（MIT）开发的简单计算机程序。这些机器人利用乐高积木进行组装，因此无须任何工具和接线。直到现在，在机器人设计大赛中，仍有很多参赛学生使用“乐高机器人”、“韦克斯（VEX积木）机器人”来设计机器人。

许多交互式玩具也可以算作是“真正的”机器人。有些是对触摸控制和远程控制产生反应的**仿真电动**娃娃，如菲比（Furby）、罗伯史宾（Robosapien）和会动的埃尔莫（Elmo Live）。

其他诸如“魔法虫昆虫机器人”（Hexbug），因为配有传感器，所以可以自行移动。它们由韦克斯机器人设计系统的开发者创首公司（Innovation First）在2007年成功研发。还有能快速移动的配有旋转式四肢和碰撞传感器的蚂蚁机器人，它可以向相反的方向爬行。配有红外传感器的幼虫机器人（Larva）会在遇到的物体旁爬来爬去。敏捷的“魔法虫纳诺小机器人”（Nano）本身没有配置传感器，黑客们便在其体内配置了一个传感器。一名黑客在纳诺体内添置了一个光敏电阻，见光后，纳诺会像蟑螂一样四处逃窜。

艺术创作中的机器人

艺术家会借助机器人来进行艺术创作，而机器人本身也是艺术家手中的艺术作品。由奥斯卡·德·托雷斯（Oscar D.Torres）发明的“杰克昆艺术机器人”（Jackoon Artbot）是一个装在轮子上的小型机械臂。它可以在纸上快速移动，因而能用浸了涂料的刷子在纸上涂画。一件由比约恩·舒而克（Bjoern Schuelke）发明的名为“紧张不安”（Nervous）的艺术品，外观看起来似乎只是一个摇摇晃晃的橙色绒球，但是当有人靠近时，这个绒球便会立刻跳起、摇动并发出嘟嘟声。绒球中还有一种电子乐器，这种乐器是**特雷门琴**，能对接近它的人作出反应。

词汇点睛

特雷门琴：一种不用接触琴键只需将手移至其周围便可演奏不同音符的电子乐器。

机器人也是音乐家的好帮手。都市音乐电子机器人联盟（LEMUR）发明了可自行演奏的乐器，包括机器人吉他、铃、锣以及由厨房工具和金属器具制成的乐器。这种乐器

智能衣

由美国麻省理工学院媒体实验室的利亚·比希莉（Leah Buechley）研发的LilyPad Arduino是一款可缝入衣服的可编程设备。时装设计师珊侬·亨利（Shannon Henry）设计的“满天星褶裙”（Skirt Full of Stars）就运用到这一设备。如果传感器显示裙子正在摆动，Lilypad就会让裙子发出不同颜色的亮光。

机器人对周围发出的声音会作出反应，因此它们可以跟“明日巨星”（They Might Be Giants）流行乐队或其他音乐家一同登台现场演奏。

医学中的机器人

在医院，机器人可以帮忙做很多事情，从打杂跑腿到帮助医生执行高级手术，样样精通。例如我们给外形如一个滚动式储藏柜的“助手机器人”（HelpMate）编程来给病人送药、送饭、递交病历和照X光，它甚至还能自行乘坐电梯！

词汇点睛

人工耳蜗：一种植入皮下神经的电子设备，可帮助失聪患者检测到声波。

在手术室，“达芬奇外科手术系统”可协助医生使用微型器械，医生通过观察一台3D大屏幕来移动控制装置，机器人通过其4只机械臂来复制医生的每个手部动作。

采用诸如“达芬奇外科手术系统”后，手术创口非常小，因此患者术后伤口愈合得更快。

澳大利亚科学家发明的人工耳蜗可以帮助失聪患者检测到声波，而它发出的声音听上去像“得了咽喉炎的机器人”

词汇点睛

动力外骨骼：一种穿戴后可为患者增加人体能力的“机器人套装”。

所发出。人工耳蜗植入皮层后可将声音直接传入患者的大脑，截至1978年，已有近20万名失聪儿童和成人接受了人工耳蜗植入手术。

由以色列埃尔格医学技术公司（Argo Medical Technologies）的轮椅使用者艾米特·戈菲尔（Amit Goffer）研发的名为“重新行走”（Rewalk）的**动力外骨骼**可帮助瘫痪的人站立和行走。当患者身体前倾或后倾时，可以借助于绑在患者下肢的电动支架“重新行走”来移动。

工业中的机器人

汽车工厂和其他企业让机器人完成人类不能做的或不想做的肮脏、危险、枯燥或困难的工作。第一个工业机器人“尤尼梅特”（Unimate）只是一个机械臂，它曾于1961年在美国新泽西州的通用汽车公司的汽车厂工作过。

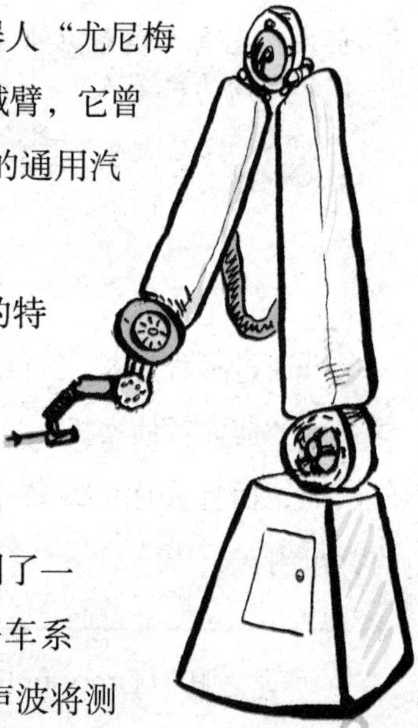

许多机器人的特征在如今的汽车上得到了体现。2006年，雷克萨斯（Lexus）发明了一套可以让汽车自行停靠的停车系统，车轮上的传感器可通过声波将测定的停车空间告知“汽车电脑”。

词汇点睛

焊接：指通过将金属配件加热直至软化的方式接合金属配件的过程。

等离子焊炬：一种可通过带电气体流将金属板击穿的工具。

装配线：工厂通过将物料从一台机器或一名工人传递至另一台机器或另一名工人来装配产品的方式。

洁净室：实验室或工厂内专门用于生产须远离灰尘或污渍的物品的房间。

无人飞行器（UAV）：无需飞行员操纵即可飞行的飞机和其他飞行器。

自主：无需人类帮助可自行安排动作和运动的机器人。

2010丰田“普锐斯”是一辆配有可将制动能量由化学能转换为电能的电脑，同时具有自动停车功能的混合动力车。

“尤尼梅特”可完成重型汽车配件的搬运和**焊接**工作。机械臂还能借助于**等离子焊炬**将金属板击穿。“取放机器人”（Pick and Place）能从**装配线**上的某处领取物料并将其移至别处。与人类不同，即使长时间的工作，工业机器人也不会感到疲惫。机器人也可用于生产精密电脑配件的工厂，因为它们不会将污渍或灰尘带入建筑物的**洁净室**。

军事中的机器人

可通过远程监控飞行或可独自飞行的飞机以及其他飞行器被称为“**无人飞行器**”。“捕食者侦察机”（Predator）由与其相隔甚远的飞行员通过操纵杆和电脑屏幕操控，而且迷你UAV娇小的尺寸使它能够被装进士兵的背包内。

“龙之眼”（Dragon Eye）是一种可以手掷或者用弹簧发射的**自主**侦察机。

狄恩·卡门

狄恩·卡门因发明“赛格威”（Segway，一种两轮式自平衡踏板车）而一举成名，他也以“机器人科技挑战赛”（FIRST）创始人的身份而闻名。狄恩·卡门的大部分发明旨在帮助受疾患困扰的人们。1976年，他开始发明供患者穿戴的自动**注射器**，每当患者需要服药时，该装置便会为患者注射药物。此外，用一个被称为独立机动系统（iBOT）的实验项目便可设计出轻松自如地攀爬楼梯的机器人轮椅。2007年，美国国防部请求卡门设计一款可帮助战争中受伤的**被截肢者**的机械臂，后来出现的由大脑控制的机械臂就是以卡门的设计为基础的。

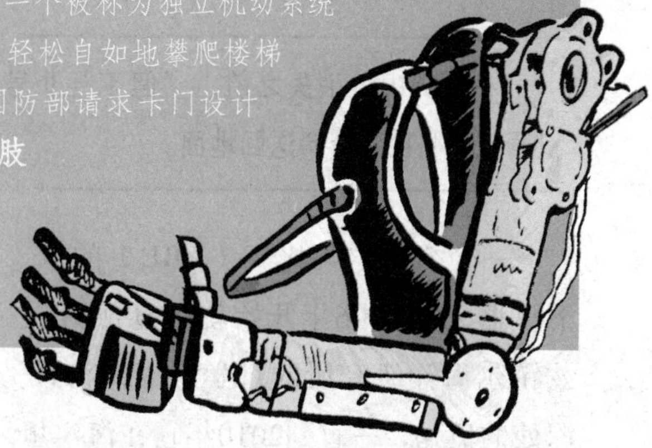

军方也使用多种类型的**便携式**陆上作业遥控机器人。有些机器人外形如同微型坦克，还可发射子弹或者危险性较小的武器，如沙包、烟雾和胡椒喷雾。有一种名为“魔爪”的机器人可攀爬楼梯、飞跃石堆和铁丝网、清除积雪，甚至还能在水下短距离行走。它的传感器能侦察爆炸品、有毒气体、辐射品和武器。

诸如“魔爪”的机器人被军方用来拆除炸弹和侦察危险区的有害品，还协助救援人员，被用于2001年纽约世界贸易中心倒塌后的援救行动中。

词汇点睛

注射器：一种将液体输入体内或从体内抽出液体的医疗器械。

被截肢者：失去胳膊或腿的人。

便携式：便于携带和控制的。

地球勘探领域的机器人

科学家利用机器人来勘探人类无法到达的区域，但是，即使对于机器人来说，这仍然是一项具有危险性的工作。1993年，因为卡内基梅隆大学的研究员们一时疏忽，一个名为“但丁”（Dante）的八足机器人不慎跌入了南极洲的一个火山内；幸运的是，第二年，“但丁”Ⅱ号机器人帮助科学家成功勘探了位于阿拉斯加的一个火山。

在从火山口消失之前，“但丁”Ⅱ号机器人曾将勘探资料送回地面。

一个名为“阿比”（ABE）的水下机器人从1996年开始就一直帮助伍兹霍尔海洋研究所的科学家探测海洋深处的奥秘，一直到2010年它在海洋里失踪为止。在不接人船只和潜水艇的情况下，它可以潜入4500米深的海底。这意味着，与其他研究工具相比，“阿比”的移动速度更快，花费更低，勘探区域则更多。最终，“阿比”帮助研究人员查找、绘制并拍摄了许多深海热泉和火山，它还测量了可以帮助科学家揭秘地壳形成过程的地磁数据。现在，伍兹霍尔的科学家使用的是一个比“阿比”的潜水速度更快、潜水深度更深的名为“哨兵”（Sentry）的机器人。

太空探索中的机器人

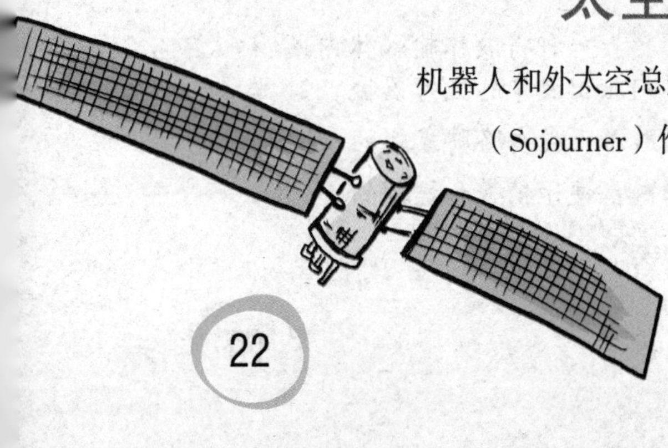

机器人和外太空总是紧密联系在一起的。1997年，“旅居者号漫游车”（Sojourner）作为美国国家航空航天局（NASA）的火星拓荒者的一

分子被送上火星，这个太阳能机器人将火星岩石和土壤的图片送回地球以供科学家分析它们的化学成分。

美国国家航空航天局（NASA）的“勇气号”和“机遇号”探测器于2004年登陆火星。尽管它们最初的设计寿命只有90天，“勇气号”探测器却一直坚持到2010年才退出使用。截至2012年，“机遇号”探测器的运作状态依然良好。

趣事儿

轮子损坏后的“勇气号”火星探测器反而有了一项最伟大的发现。在2007年，“勇气号”探测器受损的轮子铲起了少量的亮白土，它们由以温泉或蒸汽的形式存在的水分消失后留下的二氧化硅组成。科学家判断，这一矿物质证明了火星上存在生命的可能。

机器人也服务于轨道上的国际空间站。2001年，一个由加拿大太空局研发的机械臂被安装在了该空间站内。这个机械臂用于搬运大型物体，协助宇宙飞船与国际空间站的对接，帮助宇航员完成宇宙飞船外的修缮和试验工作。其部件可以像乐高玩具一样被拆卸并重新组装。

机器宇航员（Robonaut 2号，R2）——太空中的第一个人形机器人——于2011年在太空站被激活。它由美国国家航空航天局（NASA）和汽车制造商通用汽车公司联合推出。R2由头部、躯干和两个臂膀组成。它可以装配在一个不可移动的基座上或连接至轮子、腿部或探测器上，这取决于它所接收的命令。机器人专家还希望R2能被通用汽车公司的制造工厂运用。

自己动手做

制作震动机器人

震动机器人并不是真正意义上的机器人，但它的行为举止却跟真的机器人一样。震动机器人借助震动、摇晃或抖动走动。触碰障碍物后，它会拐个弯然后继续前行。因为震动机器人没有相关设备来告知它下一步行动任务，它缺少传感器或控制器——它只是这样震动着行走。在电动机施加重力后，震动机器人便会震动起来。如果稍微偏离中心施力的话，整个震动机器人会被“抛来抛去”，这种力量足以让它移动。

你制作的震动机器人会在纸上窜来窜去，边走边画。注意必须在成人的监督下使用热胶枪。

词汇点睛

震动机器人：一种像机器人一样，通过震动电机来移动的玩具。

所需材料

- 1个小型的直流电动机（1.5~3伏）
- 约30厘米长的绝缘电线
- 钢丝钳
- 绝缘带
- 1个纸杯、塑料杯或泡沫杯
- 双面胶带
- 5号电池
- 橡皮筋
- 软木塞
- 3支马克笔
- 纸箱盖子或较浅的盒子，尺寸与A4打印纸的尺寸接近
- 白色或浅色纸
- 可选材料：冰棒棍、泡沫塑料或木制件、装饰胶、塑料眼镜、荧光笔、快干胶、热胶枪

1 如果电动机没有接电线，则用钢丝钳剪下两根大约15厘米长的电线。去掉电线两端长约1厘米的绝缘材料，露出电线内部的金属。将两根电线的一端分别接到电动机的两个金属终端，这样金属就与金属相接了。用绝缘带固定。用电线的另一端接触电极以测试电动机，如果电动机轴开始转动，则表明连接良好。

2 把塑料杯倒置，用双面胶带将电动机固定在塑料杯的底部，并让两侧的电线都往外突出，电动机轴向上竖起。

3 将电池排成一排，让电池的顶端（正极）触及下一个电池的底端（负极）。最后用绝缘带将电池固定在一起。

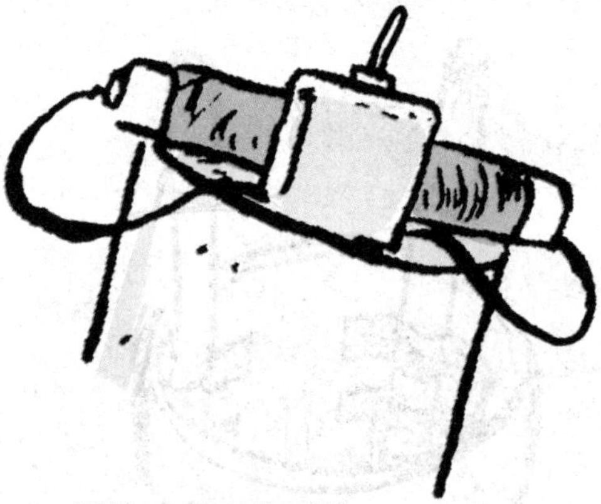

4 用橡皮筋裹住两节电池，如果需要的话，可用绝缘带缠绕在四周将其固定。用双面胶带将电池固定在电动机旁边。

5 将电线粘贴在橡皮筋的下方，让裸线触及电池的两端。电动机轴应能转动，否则的话，移动电线直到电动机轴转动为止。取出一根电线以打开和关闭电动机。你可以用胶带将电线其他部分固定到位。

6 把软木塞贴在电动机轴上以施加一个足以让塑料杯摇晃的偏心力。可用热熔胶将冰棒棍贴在软木塞上，这样的话，偏心力会变得更加偏离中心。

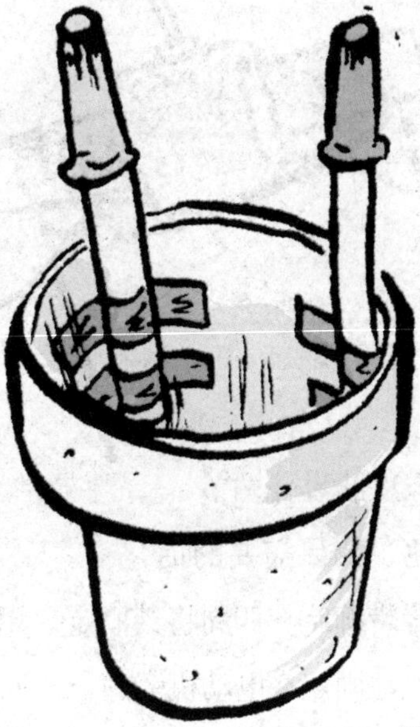

7 将马克笔贴在塑料杯里面作为机器人的腿。用绝缘带将马克笔贴在塑料杯里面作为机器人的腿。与此同时，可根据自己的喜好装饰你的机器人。

8 找一块“场地”来测试你的机器人。将一张纸放在纸箱盖子里，拿掉马克笔帽，把震动机器人放在纸上，启动电动机。你的震动机器人会手舞足蹈，撞击墙壁后也会反弹回去，它会在纸上画出它的个性设计。

9 如果你的震动机器人不能运转，或是你对它的移动方式不满意，你可以通过很多方式尝试解决：

- 确保电动机上的配重不会撞击机器人的任何部件。
- 尝试替换腿部、配重或装饰物以改变平衡。
- 机身过重会影响移动效果，可卸除部分装饰物或换用7号电池。

外壳：机器人的身体 第二章

机器人形态各异、尺寸不一，从微型机器人到大型自动化起重机不等。此外，机器人几乎可以由任何材质制成，可以是弹性纤维，也可以是最坚韧的塑料。许多工业机器人、军用机器人和探测型机器人看上去就如同日常使用的工具或交通工具。

词汇点睛

社交机器人：被设计用来同人类交谈、玩耍或共事的仿真型机器人。

机器人玩具和社交机器人看起来往往像是填充动物玩具。无人飞行器的外形像喷气式飞机、微型直升机或小昆虫。人形机器人往往有脸部、双臂和双腿。如果是金属制成的话，人形机器人活像一个老式机械人。如果它的外壳可以像人的皮肤一样柔软，那么如此真实的人形机器人可能会吓到你！

大机器人和小机器人

机器人的尺寸差别很大。由美国卡内基梅隆大学研发的巨型自动拖拉机式机器人已经在橙树园进行喷雾作业了。日本的竹中公司（Takenaka Corporation）研发的一种建筑机器人可以自动抹平高层建筑的混凝土。

与之不同，纳诺机器人（nanobots）是只能在显微镜下才能被看见的机器人。在2009年机器人世界杯足球赛中，纳诺机器人在一个只有米粒大小的体育场踢足球。同时，研究人员正寻求将纳诺机器人运用到手术中的方法，他们希望能够借助纳诺机器人来拍摄照片或提取组织样本甚至攻击癌细胞。

趣事儿

“短跑者”（Sprint）是一个在国际空间站周围漂浮的飞行漫游车，它配备有一个摄像装置，用于拍摄宇航员在舱外工作的照片。它的外形像一个超大号的足球，机身覆有软垫，当它由于失重在太空中飘来飘去时，这个软垫会保护飞船和宇航员免受伤害。

我们把像蜂巢中的蜜蜂一样合作共事的一组小型机器人统称为**“群体机器人”**。

词汇点睛

群体机器人：一群一样的机器人，就像一个团队一样一起工作。

模块化机器人：能独自作业的或能按不同的组合连接在一起，可以形成更大的机器人。

2011年，哈佛大学的研究小组开发了一个名为“千军机器人”（Kilobot）的只有四分之一美元大小的震动机器人，它能按照预先编好的程序在群体机器人中同其他机器人共事。每个机器人的造价不到15美元，研究人员正利用它们研究怎样让大型机器人群体通过合作完成大型任务。**模块化机器人**与群体机器人类似。每一个模块化机器人都是一个能和其他模块化机器人进行交流的独立个体。此外，模块化机器人也能联合在一起形成一个较大的机器人。

宾夕法尼亚大学研发的模块化机器人“ckBot”看起来像是黑色的小型积木组合。积木被踢散后会自行修复并向对方的方向爬行聚拢，像变形金刚一样重新组合在一起。自行愈合的机器人可以轻松地执行太空任务或代替人类到达那些人类难以抵达的地方。

生物机器人

机器人专家从自然中获取让机器人具有生物行为特征的灵感。仿生机器人就是以动物或其他生命形态为基础设计出来的。

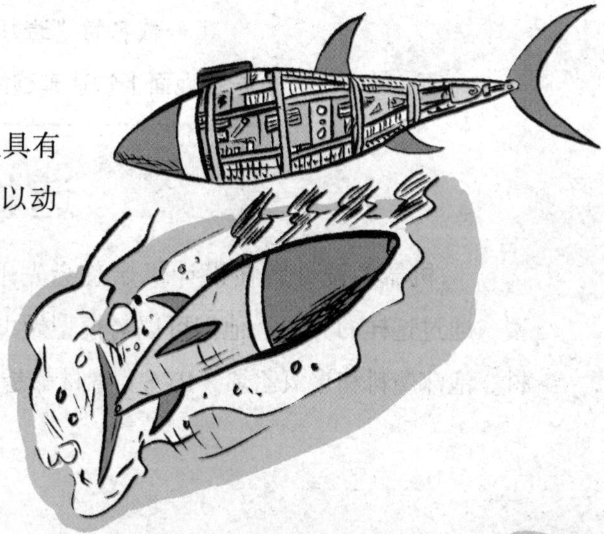

“水下龙虾机器人”（Robolobster）是一款由约瑟夫·埃尔斯（Joseph Ayers）为美国海军设计的“嗅探机器人”（sniffer），它能追踪水下化学气味。美国海军需要一款可以沿着海底爬行的机器人来帮助他们寻找海矿。“大狗机器人”（BigDog）则是一款由金属制成的无头四足仿生机器人，它跑起步来好似一条真狗，它可以攀上岩石，穿越泥潭和雪地。

许多仿生机器人的外形就像昆虫。2007年，科学家发明了一个可以穿过密封出口的软体机器人。其中一些机器人的外形和动作看起来像毛毛虫、尺蠖或蛞蝓。

加利福尼亚大学伯克利分校的研究人员在2008年设计了一款名为“动力自治爬行昆虫”（Dash）的，能像蟑螂一样在地面上快速奔跑的小型七足机器人。

选材至关重要

机器人设计者在设计伊始总会先用廉价的、易于操作的材料建造实验模型。通过这样的方法，他们可以对模型做出快速的修正或者让版本更加多样化。木材、泡沫塑料和聚氯乙烯（PVC）管材都是机器人原型的常见材料。

软材质还是硬材质？重材质还是轻材质？

机器人设计师在决定为他们想要制造的机器人选用最佳材质之前需要思前想后，是制造重型机器人以保证它能经受住撞击呢？还是尽量减轻机器人的重量以节约运动过程中的能量消耗？有必要尽量让机器人结实牢固以承受重负吗？还是要让它尽量灵活柔韧？在极端环境下工作的机器人是采用坚固的金属还是塑料的框架和外壳呢？

有时科学家需要为机器人的身体发明新型材料，前面提到的软体材料便是其中之一。当然也可以探究旧材料的新用途。

“动力自治爬行昆虫”是一种机器人蟑螂，它的原型选用折叠硬纸板制成，这样整个机身便会轻盈而结实。硬纸板的柔韧性使得它从高处甚至是高楼顶部坠落后依然完好无损。

儿童的积木套件也是制作原型的热门材料。2008年，英国巴斯大学的学生查尔斯·盖奇（Charles Gage）利用乐高积木制成了一个在陆地上和水下都能爬行的机器人螃蟹。

趣事儿

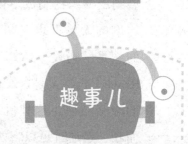

在2006年西班牙艺术与人工生命国际创作竞赛中，一种由活蟑螂“驱动”的三轮机器人赢得了奖励。这是第一代真正意义上的半机器半动物的**赛博格**（“人体系统”）。

词汇点睛

赛博格：机械化有机体。

安迪·鲁伊纳（Andy Ruina）工程师在1998年利用拆装玩具（Tinkertoy）制成了一组步行机器人腿。

工程师索尔·格里菲思（Saul Griffith）设计了一个名为气动机器人（Pneubots）的像巨型充气沙滩玩具的充气式机器人。格里菲思的第一个机器人原型采用价格仅为5美元的橡胶自行车内胎制成，后续模型则由薄织物制成，模型包括近乎真实比例的大象、恐龙和章鱼。他的六足“蚂蚁—蟑螂”（Ant-Roach）机器人是食蚁兽和蟑螂的杂交品种。这种机器人大而壮，走动时足以将两个成年人驮在背上。据格里菲思所言，这个好玩的发明实际上是为诸如假肢或步行器之类的重大项目而研发的，他希望他的设计可以帮助人们研制廉价、轻盈、安全而结实的代步机器人。

此外，科学家的另一项挑战就是制造坚韧、柔软、敏感的机器人皮肤。2011年，来自斯坦福大学的美籍华裔科学家鲍哲南演示了一种具有“感知”能力的橡胶薄膜，这种材料带有一种受压时可拉伸的微型弹簧，即使在压力很小的情况下，弹簧也可以向 机 器人脑部输送电子信号，告知机器人所承受的压力大小。

“恐怖谷”

你是否注意到最逼真的机器人往往也是最恐怖的机器人？据科学家介绍，在信任与半信半疑之间总有一种令人焦虑不安的感觉地带，这个感觉地带被命名为“恐怖谷”（Uncanny Valley）。欣赏一幅卡通漫画会让我们感到快乐，欣赏照片的时候也会出现同样的感受。那当我们观看一个近乎真实的机器人或3D动画时呢？会着实令人毛骨悚然。

研究人员也不知道为什么会出现这种现象，但是在试验中，即使是猴子也会被近乎真实的猴子照片吓得转身就走。一种说法是对外形“异常”的它物所产生的恐惧感能帮助早期的人类（和猴子）避免罹患传染病，但是，对于像“汉森机器人”（Hanson Robotics）一样的公司而言，这确实是个麻烦。艺术家和机器人专家大卫·汉森（David Hanson）研制出了可以说话、微笑甚至是讲笑话的近乎真实的机器人头部，其中甚至有看起来像伟大的科学家阿尔伯特·爱因斯坦的机器人。此发明的关键是有一种特殊的名为“肉体橡胶”（Frubber）的人造皮肤，这使得机器人的面部能像真人一样扭动和起皱，但是安装在一个光亮的塑料机器人上的“爱因斯坦头部”却让许多人不寒而栗。因此，该公司不得不继续努力使他们的神奇发明免于陷入“恐怖谷”的危险。

机器人能根据压力的大小检测出轻如苍蝇的物体或重如大象的物体。此外，鲍哲南正在研究如何改变机器人皮肤以让它吸收可为其提供能量的太阳能，并检测其他物体，如化学品或周围的微观生命形式。将来，人造电子皮肤可以帮助患者通过假肢重获感知力或使电脑触摸屏变得更为灵敏。

“肉体橡胶”机器人皮肤

为人形机器人研制仿真皮肤时，机器人专家会求助于化学方法。下面将为你介绍自制“肉体橡胶”机器人皮肤的方法：往胶水中添加硼砂之后会发生让胶水富有弹性而非黏性的化学反应，这时你可以压平该混合物以制作类似肉体橡胶的平滑层材质。尝试不同的配料以改变机器人皮肤的厚度、黏度和弹力。在尝试不同的配方时请记笔记以便确定最佳配方。重要提示：注意不要将混合物沾染到家具或衣物上，也请不要将它倒入下水道以免堵塞管道。

1 在塑料杯内倒入半杯温水（120毫升）和1～2茶匙硼砂，均匀搅拌直到水体浑浊为止。

2 将另外15毫升水和胶混合倒入另一个塑料杯内，可添加一两滴食用色素。搅拌至均匀为止。

3 将硼砂杯内的部分液体倒入胶水杯内，搅拌一分钟观察混合物的变化情况。如果混合物过黏或过稀，可添加少量硼砂混合物。最多添加两茶匙硼砂混合物（10毫升）即可获得类似肉体橡胶的弹性混合物。待混合物凝为实团后，将其取出用手在薄板上反复挤压揉捏成形。

词汇点睛

非牛顿流体：既能像固体一样保持形状又能像液体一样流动的物体。

所需材料

- 两个塑料杯或其他一次性杯子
- 半杯（120毫升）温水
- 1~2茶匙（5至10毫升）硼砂或汰渍洗衣粉
- 两个塑料勺、工艺棒或其他一次性搅拌器
- 3茶匙（15毫升）水
- 4茶匙（20毫升）白胶或凝胶
- 食用色素（可选材料）
- 一次性塑料或泡沫板
- 1~4茶匙玉米淀粉（可选材料）
- 塑料袋或塑料容器

4 待纹理符合要求后即可拉伸“肉体橡胶”将其制成皮肤状。如果你愿意的话，还可以将它制成脸部形状。在“脸部”戳个孔制成“嘴巴”，“嘴巴”必须有足够的延伸度以保证它能自由地开合。

5 还可以将玉米淀粉添加至混合物内，这样的话，混合物会变得干燥。向胶水杯内添加适量玉米淀粉或向薄板上喷撒适量玉米淀粉，在玉米淀粉上滚动肉体橡胶团并反复揉捏。

6 这并不是真正意义上的“肉体橡胶”，这个“机器人皮肤”的形状只能维持很短的时间，如果你任其自行风干，几天后其延伸度便会降低。你也可以将“肉体橡胶”混合物储备在塑料杯或塑料容器内以供下次使用。在冷冻环境中，肉体橡胶混合物可保持数周或更长的时间不变质。

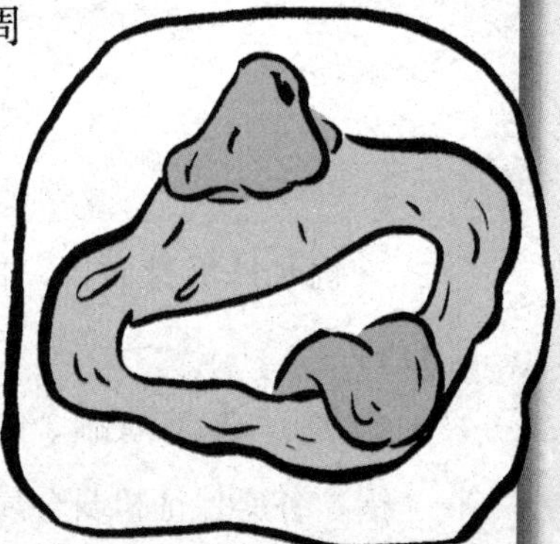

趣事儿

“肉体橡胶”混合物既能像液体一样流动又能像固体一样保持自身形状。一些被设计用来挤过封闭出口的软体机器人也有这样的行动特征。这类物质被称为**非牛顿流体**。番茄酱、牙膏和洗发水也属于非牛顿流体！

机器人实验平台

购买或制作一个基础实验平台可为机器人爱好者和研究人员节约时间和金钱。机器人实验平台的设计目的是使人们可以自行添加不同类型的部件，并可不费力气地改装部件。这样的话，每一次测试新部件的时候你大可不必从头开始组装机器人。机器人实验平台可以是简单的带轮基座和电动机，或是只待编程的成套机器人。普通的机器人实验平台有两层或更多层。两层的平台中下层有电源和轮子，上层可放置传感器和电子设备。

你也可以设计一款属于自己的机器人实验平台，并将它用于本书后文阐述的一些项目或实验中。将玩具汽车或其他车辆的上盖移除即能充当一个现成的滚动基座。如果你想让你的实验平台自行移动，可以寻找一个配有回位弹簧结构或远程控制的滚动基座（请参阅引言中的废旧电子设备的拆卸建议）。你也可以自己动手设计组装一款移动式基座：

轮子可由废旧玩具改装而成，也可由瓶盖、杯垫和其他可回收物品制成。请你务必要拍下材料和设计样式的照片并记笔记，以便记录下行之有效的方法和待改进的地方。接下来你就可以在平台上组装你自己的机器人了。

就元件机身而言，你可以参考引言结尾给出的机器人组装材料，或者尝试以下材料：

- **金属**：薄荷糖罐、饮料罐、铝箔饼锅。务必保证机身金属材质没有接入电插头和电池。
- **发泡塑料**：泡沫或塑料的杯子及盘子、回收食品托盘或包装材料、浮水棒和其他浮动玩具。
- **纸或纸板**：装运箱的波状纸板、谷类食品盒或果汁纸盒、卡片纸、折纸或剪贴纸和混凝纸。
- **硬塑料**：牛奶壶、瓶、罐、可重复使用的食品容器、废旧塑料玩具、玩具或其他产品的透明塑料包装和装饰球、糖果筒状容器、CD或DVD和鼠标外壳。

· **橡胶或软式可伸缩塑料**：橡皮球（需有一名成年人用剪刀或小刀帮忙打开）、橡胶沐浴玩具、充气玩具、气球、牙咬胶或狗咀嚼玩具、气泡膜。

· **木制品**：软木（适用于漂浮或飞行机器人）、废木材、冰棒棍、竹餐垫、油漆搅拌器和树枝。

· **软面材料**：针织袜子或手套、毛绒玩偶或动物、毛毡块或毛毡球、毛线球、风筝或夹克的超强防撕尼龙。

可以尝试使用以下物品将各部件组合在一起：白胶或凝胶，蓬松材料或热熔胶；橡皮筋；木制牙签、竹签或木钉；各种金属线；电器、泡沫、管道和其他各种胶带；粘扣带、回形针、长尾夹，或零食袋夹；螺丝、钉子、图钉、回程杆、安全别针和其他五金器具，办公或缝纫用品。

痴迷机器人的女孩（Robot Girl）

来自加拿大蒙特利尔的埃林·肯尼迪（Erin Kennedy）被人们称为“痴迷机器人的女孩”。埃林13岁的时候就开始用“乐高头脑风暴”套件组装机器人。她在2008年曾作为一名高中生应邀参加斯坦福大学人工智能研究，她靠售卖自己组装的泡沫或塑料水杯制成的震动机器人玩具来支付旅途开销。她制作的色彩鲜艳的泡沫塑料机器人（Styrobot）在机器人网站上大受欢迎。机器人鸟（RoboBrrd）是埃林的一项最新发明，像埃林的其他许多发明一样，机器人鸟的机身由诸如木制工艺棒、毛毡和羽毛的工艺材料制成，埃林希望能将它变成一个可被青年学生制作或改装的可编程的机器人套件。

第三章 驱动器：让机器人动起来

就像生物一样，机器人也需要吸取能量才能移动和“思考”。即使是最早期自行移动的自动装置也需要由人类提供能量：人们可以通过增加重量、转动曲柄、上紧机器人驱动发条来供能。如今，大部分现代机器人均采用电池作为电源。就尺寸而言，机器人所需电池从比一角硬币还要小的微型纽扣电池到如煤渣块般大小的重型汽车电池不等。

电池是一种通过化学反应产生电流的便携式动力装置。

电池的发电原理

在电池内部，由不同种类原子构成的两块金属相互靠近，它们都在一个装满了特殊化学物质的容器中。原子带负电荷的电子，负电荷与其他负电荷相排斥，并被正电荷吸引。在电池内部，一侧金属带负电荷，而另一侧金属带正电荷，因此带负电荷的金属一侧的电子就被吸引到带正电荷的金属一侧。电子就穿过容器内的化学物质从一侧移至另一侧，这种移动便产生了电流。

如果电路接入电池，电流会从电池正极或终端流出，流经导线和元件后再由负极流回电池。电路中设有一个可以像吊桥一样开闭的开关。

词汇点睛

电流：电子运动时释放的一种能量形式。

化学物质：物质的另一种称法。一些化学物质能够与其他化学物质化合或分离以创造新的化学物质。

原子：物质在化学变化中的最小微粒。

电子：带负电荷的原子的构成单位，它能由一个原子转移至另一个原子。

电路：闭合回路中电流所流经的路径。

终端：电池上电流流出的部位。

开关：控制电路中电流的流动状况的装置。

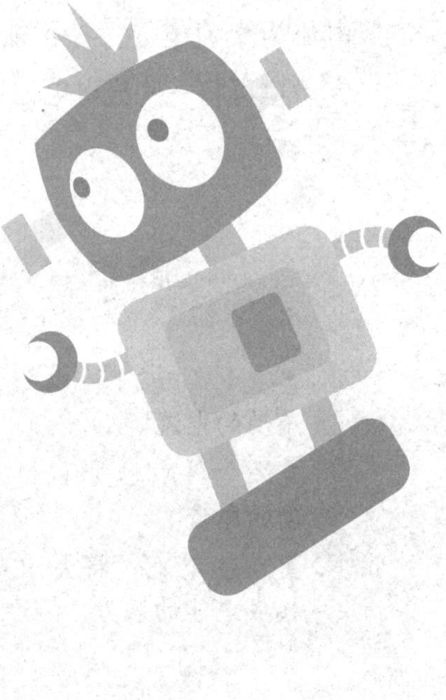

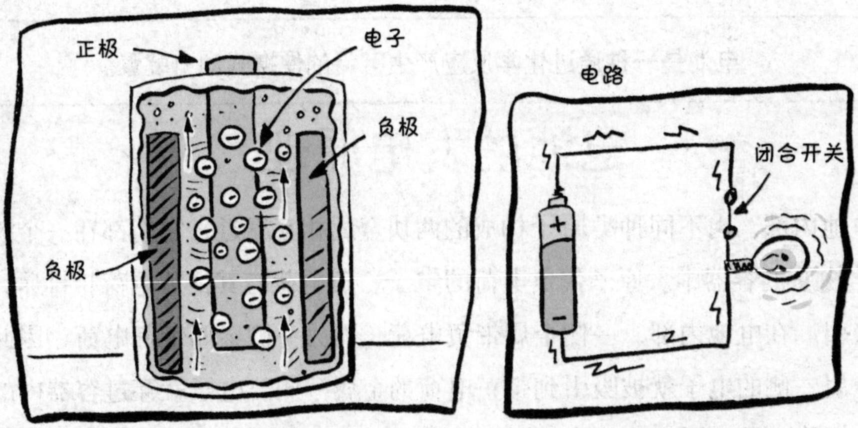

开关断开时，电流不会在电路中流动；开关闭合时，会形成闭合电路，电源开始嗡嗡作响。

电池产生的是**直流电**，直流电动机借助电池得以运转。流经壁装电源插座的电流为**交流电**。一些不能四下走动的机器人可以接入交流电插座。流动电荷消耗完后也可将一些充电电池插入交流充电器内充电以供下次使用。

太阳能发电

词汇点睛

直流电（DC）：以一个恒定的方向流动的电流。

交流电（AC）：以恒定速率来回流动的电流。

太阳能电池：将太阳光中的能量转换成电能的装置。

机器人的另一个电力来源是太阳。**太阳能电池**的工作原理与电池的工作原理有点相似。它是一种利用太阳光直接发电的光电半导体薄片，只要被光照到，很快就能输出电压及电流。美国国家航空航天局利用太阳能来为其火星探测器充电。

BEAM机器人是一种在业余爱好者中广受欢迎的太阳能机器人。1989年，机器人物理学家马克·特尔顿（Mark Tilden）在思考一个问题时冒出了制作太阳能机器人的想法，他思考的问题是：如果早期机器人能像生物一样**进化**发展的话，现在会是什么样子呢？BEAM字母代表“Biology”（生物学，因为许多BEAM机器人是仿生机器人）、“Electronics”（电子学）、“Aesthetics”（美学，意为“艺术”）、“Mechanics”（机械学）。

尽管BEAM机器人只配有简单的电路而未配置电脑，却能如生命体一般完成很多出乎意料的动作。这其中的秘诀便是一个能像电池一样储存电流的电子元件——电容器。

太阳能电池产生的能量储存在电容器内，直至电容器内有足以让机器人电动机运转的能量为止，这个储能所需时间取决于收集的阳光的总量。能量储备充足后，电容器便会立刻向电动机内输送“电流”，届时，机器人会跳跃起来。待电容器再次充电完成后，BEAM机器人方可再次运动起来。

词汇点睛

BEAM：这里指一种由简易电路控制的利用太阳能供电的仿生机器人。

进化：生物对外界环境发生反应而产生的改变。

要小心喽！因为BEAM机器人指不定什么时候会突然醒过来呢！

核能

在火星上作业的太空机器人不宜采用太阳能发电的供能方式，因为它与太阳相隔甚远，电池没有充足的能量。因此，美国国家航空航天局特意为此类机器人配备了可利用**原子核**分裂过程释放能量的**核能**发电机。

美国国家航空航天局在2011年11月推出了一款采用核动力驱动的小汽车大小的探测器——“好奇号”（Curiosity）。依其设计，它的**放射性**燃料足够维持一个火星年（相当于两个地球年）。而且该火星探测器所能提供的能量要比之前所有的火星探测器所提供的能量都多，多余的能量还能帮助该探测器以更快的速度移动和攀越更大的障碍物。

词汇点睛

原子核：原子的核心部分。

核能：原子核发生裂变或聚变反应时释放的能量。

放射性：某些元素的不稳定原子核自发地放出射线而衰变的性质。

或许最奇怪的供能方式之一就是风力发电了。荷兰艺术家西奥·扬森（Theo Jansen）建造了一款名为“沙滩怪兽”（Strandbeest）的，由风能驱动的自动步行机器人。此类步行机器人有多对可在沙滩上侧向行走的、由塑料管制成的腿，它们的螺旋桨或风帆可收集风能，并将风能储存在机器人腹内可回收的汽水瓶内，待瓶内的气压释放后便可为腿部移动提供动力。

一个被扬森命名为“触角”（feeler）的小直径管在沙滩上拖地前行，当“沙滩怪兽”离海洋太近时便会吸收水分。“沙滩怪兽”的“脑部”依据这样的设置，便会向着沙滩倒退而行。扬森的发明虽取材于简单的创意，却有着复杂的组装方式，因此才会显得栩栩如生。

驱动器：动力系统

不管采用何种动力方式，任何为机器人提供驱动力的组件都被称为驱动器。有很多种驱动器可供机器人组建者使用。简易机器人使用直流电动机即可，直流电动机配有一个可不停旋转的传动轴，要想让传动轴反向转动，就需要通过开关使电流倒流或是将电池颠倒放置。

词汇点睛

驱动器：为机器人提供驱动力的装置。

DIY：Do it yourself 的简称，意为自己动手做。

机器人发烧友

“机器人发烧友”是杰罗姆·德默斯（Jérôme Demers）在网站Instructables.com上的网名。他在16岁的时候为校园科学展览会发明了一个名为“甲壳虫”（Beetlebot）的机器人。这是一个外形如瓢虫的触感型BEAM机器人，其供电单位是一个可被循环使用的直流电动机，而这个电动机是杰罗姆从他的索尼PS游戏机上取出来的。杰罗姆后来将甲壳虫机器人的组建方法分享在Instructables.com网站上。他的巧妙设计还为他赢得了在太阳机器人公司（Solarbotics）进行暑期兼职的机会。公司利用甲壳虫机器人改编了一个DIY套件。此外，杰罗姆的发明已经被《零基础制作机器人》（*Absolute Beginner's Guide to Building Robots*）一书和《爱上制作》杂志（*Make*）收录并作了详细的介绍。

电动机通常会通过**齿轮**与机器连接。齿轮即为带有错齿的轮子，它们可以将电动机的回转运动转换到机器的活动部件上。齿轮也能让运转部件的运转速度高于或低于电动机的运转速度或是给电动机施加更多的**力**或**扭矩**。

高级机器人采用一种特殊的被称为**伺服**的电动机，可以以电子的方式对伺服加以控制。机器人的控制器会将转弯距离和转弯方向告知给伺服。还可借助伺服让机器人臂膀上升一定的高度或停止上升，或者让机器人来回地转动头部。一个六足机器人的每个腿部都会安装一个伺服。通过编程控制器可让腿部单独或一起移动。

另外一些机器人则采用其他类型的驱动装置。比如**液压系统**利用电动机向管道内推入的液体的压力进行驱动，例如水或油。液压系统功能强大，需搬运重物的工业机器人就可以配置这个系统。

词汇点睛

齿轮：可将机器人的一个组件的运动转移至另一个组件的带有错齿的轮子。

力：本节指可改变物体速度和方向的推力或拉力。

扭矩：让物体转动或旋转的力矩。

伺服：这里指可以以电子的方式加以控制的电动机。

液压系统：通过装满液体的管道来推动或拉出物体的系统。

电磁铁：通电产生电磁的一种装置。

气压系统：可借助装满空气或其他气体的管体推拉物体的系统。

螺线管：可向上、向下推动控制杆的电磁装置。

电动机的工作原理

电动机借助暂时**电磁铁**来运作。当电流涌入金属线时，金属线会被磁化，但是暂时电磁铁与永久磁铁不同，你可以通过关闭电源的方法关闭电磁铁。在电动机内部，传动轴——旋转部件——配有许多金属线的电磁感应圈。在传动轴周围设有一圈永久磁铁。打开电动机后，电磁铁的金属线圈会被周围的永久磁铁的磁力拉近和推离，这种拉力和推力使得传动轴旋转电动机转动一直到关闭电源为止。

气压系统与液压系统相似，但是它们利用空气或其他气体，而不是液体。与液压系统相比，气压系统噪音低，但是供能较弱。人们常利用气体力学原理打开和关闭机器人夹具。气压和液压系统都要用到可向上向下推动控制杆的**螺线管**。

控制杆反过来又能来回推动液压系统或气压系统内的汽油或气体，从而移动机器人的部件。

形状记忆合金丝也能驱动机器人部件，它由一种可通过电流来加热的特殊金属组合制成。加热后，金属线会收缩；关闭电流后，金属线冷却并延伸至原始尺寸。

收缩金属线或延伸金属线能像木偶连线一样上下拉伸轻型机器人部件。形状记忆合金丝被用来组装硬纸板蟑螂机器人，也能用于驱动蚯蚓状机器人和轮状软体机器人。

四下移动：驱动系统

一些机器人，尤其是工厂里的机器人，会待在一个固定的位置等着被分配任务，其他机器人则会自动移动至需要它们的地方。最常见的机器人移动方式是带轮移动。许多智能机器人只配有两个轮子，前身设有防止前倾的支撑点。支撑点可以是在没有电动机的情况下依然能自由滚动的较小号的轮子——一个**脚轮**或者只是一个可在地面上任意滑行的光滑旋钮。

词汇点睛

脚轮：一种可以向任何方向旋转的轮子或球形滚轴。

稳定性：物体在合适的位置上所处的稳固情况。

还有一种两轮平衡机器人，它们配置有使其前后来回移动的传感器和控制器，因此它不会向前倾倒。三轮或四轮机器人能像汽车一样移动。为了增加**稳定性**，一些机器人还配有4个以上的轮子。军用机器人常常配有履带，可以像坦克一样随意滚动。

直立行走对人类来说是件轻而易举的事情，但是对机器人来说，这事儿就不那么容易了。人类在挪步的时候大脑会自动协调身体平

趣事儿

俄亥俄州凯斯西储大学仿生机器人研究中心正在研究轮子和腿部的的混合物——“轮腿”（WHEG）。轮腿的外形如轮子的轮辐，但是每个轮辐都装配有轮脚。当机器人旋转时，轮腿可以帮助机器人攀越障碍物。

衡以防止跌倒，然而如果想让机器人在站立、行走、跑动或爬楼梯的时候依然保持机身平衡，则需对其编制大量复杂的程序。

“阿西莫”（ASIMO）是最著名的仿人行走机器人之一，这个名字的意思是“高级步行创新移动机器人”（ASIMO是Advanced Step in Innovative Mobility的简写），看它的名称就知道该机器人采用了新型移动法。这款机器人自从2000年被本田汽车公司成功研发后，研究人员就一直在对其做进一步的升级和改造。最新版本的阿西莫能在身体失去平衡后通过脚部快速移动来恢复平衡。

这样，机器人就能在不平坦的地面上独自移动了。阿西莫还能前后来回行走和奔跑，甚至还能跳起来呢！

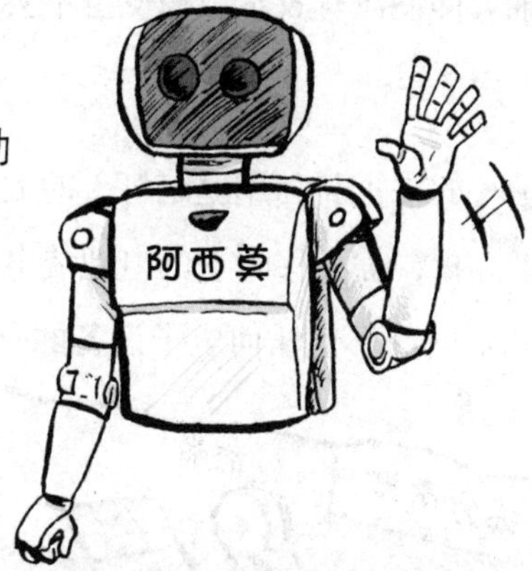

科学家也在尝试发明可以攀爬的机器人。一个由波士顿动力公司开发的六足机器人配有带微型脚爪的腿，因而可以攀墙附壁，像海狸一样的尾巴可以帮助它维持身体平衡。由斯坦福大学的马克·库特科斯基教授领头的研发团队还设计了一款可爬越玻璃的名叫“黏虫”（Stickybot）的机器人，它的足部可以像壁虎脚一样轻松地黏附在光滑的表面上，但是也很容易与表面脱离。

自己动手做

BEAM型太阳能摇摆机器人

原始BEAM型机器人没有“大脑”，但是能通过用一只脚摇摆移动的方式对光线作出反应。

注意：完成这个项目需要用到热胶枪，须向成年人寻求帮助。

所需材料

- 带橡皮的铅笔
- 连接导线的直流电动机（马达）
- 太阳能电池板（可回收庭院灯上太阳能电池板）
- 绝缘胶带
- 剪刀
- 回收的CD或DVD
- 热胶枪
- 胶带
- 回收利用的透明饮水杯盖

1 从铅笔上切下橡皮。用铅笔的尖端在橡皮的中心打个小孔，把橡皮孔套进电动机的传动轴。即使没有胶水，橡皮也不会从传动轴上掉下来。

2 如果重新利用庭院灯上的太阳能电池板，需先移除它的电池或电容器，并卸下内部其他任何电子设备的电池或电容器。切勿切断太阳能电池板引出的两根电线。

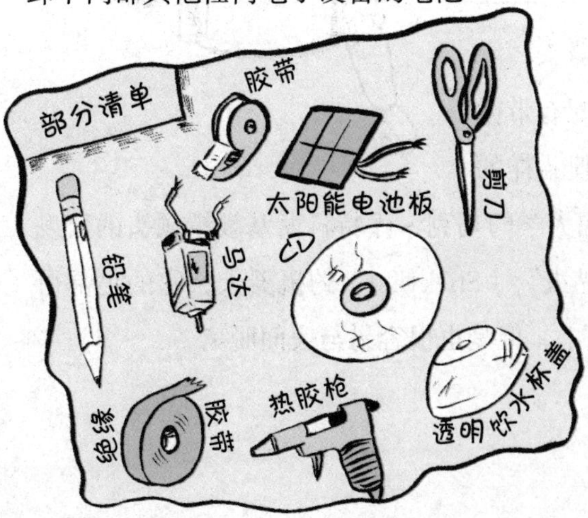

3 通过暂时将电线用小段绝缘胶带连接在一起的方法实验太阳能电池板是否能产生让电动机运行的能量。将电池板放在室外阳光充足的地方或是室内明亮的光线下，如卤素灯下。如果电动机不能运转，可换用一台电动机或是选用一块更大的太阳能电池板。一切进行妥当后，小心取下胶带并将电线分离开来。

4 用热熔胶将CD粘在电动机上，传动轴应从磁盘孔内伸出。

切记不要将胶水沾到电动机内部或活动部件上。如需要增加牢固性可多缠绕些胶带。

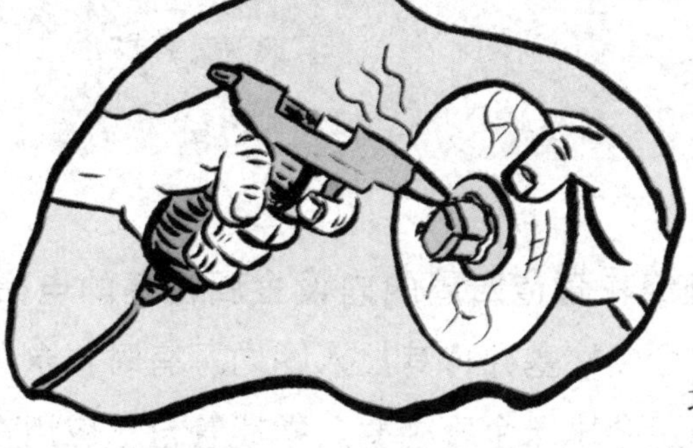

用热熔胶将CD粘在电动机上

5 在杯盖顶打孔，并将透明杯盖罩在电动机上。穿过顶端的孔将电动机的电线拉出。将杯盖底部粘到CD上。

6 将电动机的电线与太阳能电池板的电线相连接，并用胶带将它们固定在一起。接着将电线推回杯盖内并将太阳能电池板粘在上面。

7 将“摇摆机器人”（WobbleBot）放在室外阳光充足的地方，或者你可以让一位成年人帮你使用室内明亮的光线，如卤素灯或车间照明设备。电动机传动轴就能旋转起来并让机器人四下跳跃了。

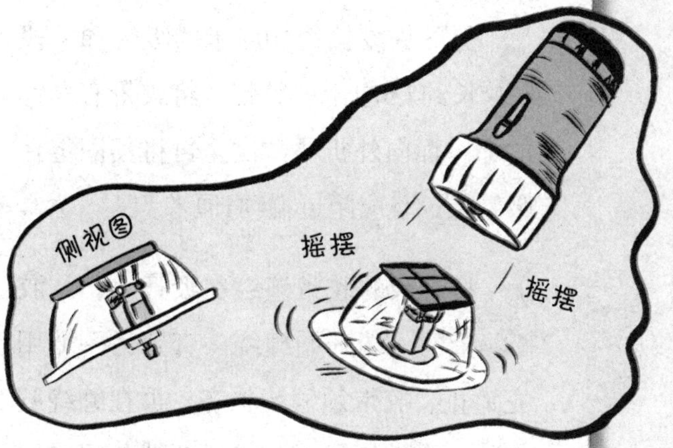

机器人优化大讨论

摇摆机器人在条件完备的情况下能运转起来，但是它毕竟只是一个原型。要想构建一款更加结实或者更加可靠的机器人，还有哪些是可以改进的呢？机器人业余爱好者和科学家们总是互相分享优化机器人设计的方法，那么何不也将你的创意与伙伴们分享，看看会有什么惊喜的发现呢？

自己动手做

螺线管模型

螺线管可以是缠绕在管道四周的内设金属柱塞的电磁线圈。当电路接通时，电磁线圈会吸引金属柱塞并将其拉入圈内。有时，永久磁铁会被金属柱塞吸引。电磁体被接通后会排斥金属柱塞。螺线管已被应用在包括汽车门锁在内的许多机械装置上。在机器人内部，螺线管可以代替电动机沿一条直线推动或拉离效应器，也能被用来击中目标物体，如木琴机器人演奏敲击琴键。本模型演示了螺线管借用电流让金属柱塞来回运动的原理。

1 剪下一段长约10厘米的吸管和一段长约7.5厘米的胶带。将胶带有黏性的那一面向外折叠数次，再将其固定在吸管上，且应距近端约1厘米。

2 将剩余的胶带缠绕在吸管上，从胶带的一端开始缠绕一直到另一端用完为止，胶带须缠绕整齐。再在缠绕胶带的地方缠绕导线，导线两端各留15厘米不要缠绕。这时你至少有100个绕卷和两个尾线。

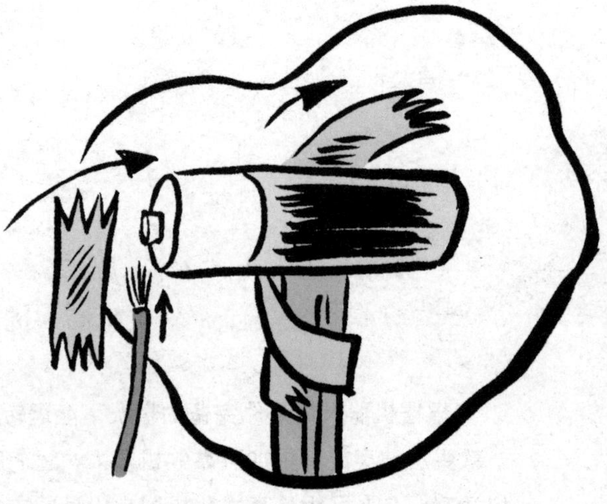

3 取出电池，用胶带将其横向固定在吸管的另一端构成一个“T”形结构。如果采用的是线圈线的话，取出砂纸磨掉线圈线两端长约1厘米的光亮涂

所需材料

- 塑料吸管
- 绝缘胶带
- 剪刀
- 2米超薄绝缘线，最好是32号磁线
- 7号电池
- 砂纸
- 针或细钉（选用材料）
- 可放入吸管内的扁头钉（选用材料）

层。如果采用的是常规线的话，去除常规线两端约1厘米的绝缘材料。用胶带将导线的一端连接到电池的一极，保持线的另一端为松散状态。

4 距离工作台约2.5厘米高的地方垂直握住吸管，将针头向上滑入吸管内并放置在工作台上。

5 用松线端轻碰电池另一极，可将针吸入吸管内。当断开导线的时候，它便会掉落。

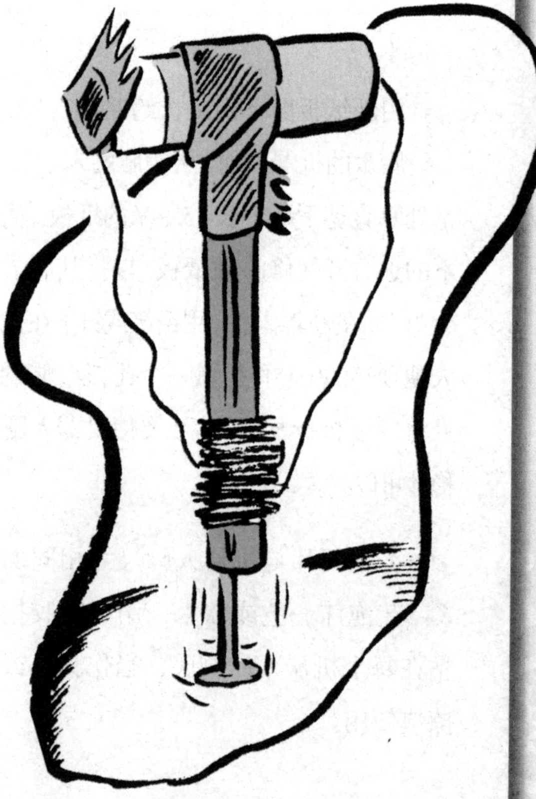

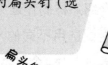

迷你被动行走器

被动行走器无须配置电动机或任何形式的驱动器。它唯一的动力来源是重力！它也被称为“斜坡机器人”。这一行走系统在下坡上的行走效果最佳。只需对它施加一点点推力，它便会在重力的作用下被拉向坡下。该方法不仅节约能量，也能让行走动作变得更加自然。下文将为你介绍怎样制作迷你**被动动态行走器**。你可以尝试选用不同的尺寸和形状的材料。你也可尝试制作4个机器人腿而不只是2个，或为机器人配置膝盖或添加摆动臂以增加行动能量。

词汇点睛

被动动态行走：仅靠重力就能在下坡路面呈稳定的周期步态。

1 用硬纸板剪下两条长约7厘米、宽约3厘米的机器人腿。从距腿的末端2.5厘米处垂直剪下一个长4.5厘米的纸板。从剪下的地方开始修整硬纸板，以将其制成一个“L”形的机器人脚。用铅笔或钉子在机器人腿顶端的中心位置戳一个孔。从“脚踝”处将硬纸板折叠起来后，要使机器人腿站稳才可以。

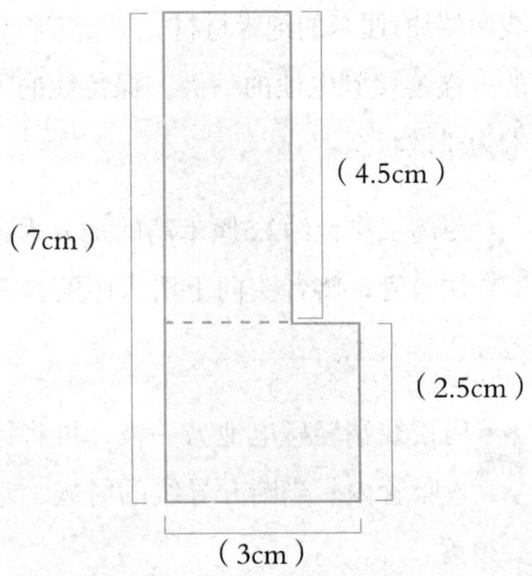

2 剪下两片与机器人脚尺寸相同的工艺泡沫、毡或软木，用固体胶把它粘在每个机器人的脚底，当作脚垫或摩擦垫使用。

3 将一颗塑料珠滑动到竹签上稍微偏离中心的位置，最好选用可以紧套在竹签上的珠子。如果珠子因为珠心太大而左右滑动的话，只需用手指将其固

所需材料

- 硬纸板
- 剪刀
- 尖头铅笔或与竹签等宽的大钉
- 一小片工艺泡沫、毡或软木（即撕即贴材料最好）
- 固体胶
- 长约25厘米的竹签
- 木珠或塑料珠
- 长约6.50厘米的微型冰棒棍或普通冰棒棍
- 透明胶带或两个橡皮筋（选用材料）
- 块状沫芯（选用材料）
- 遮蔽胶带（选用材料）

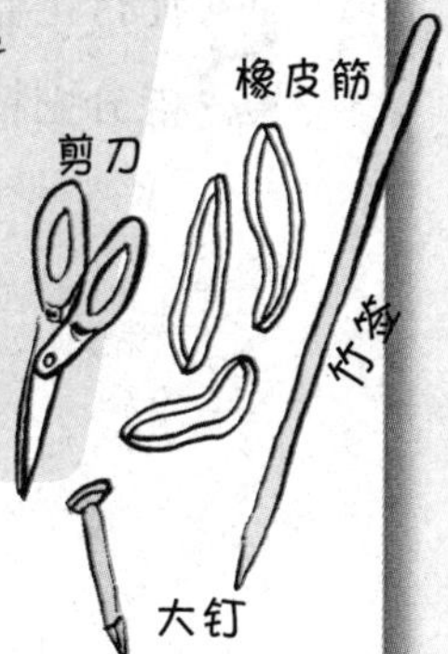

定片刻即可。

4 将其中一条腿穿过孔洞滑动到竹签上，机器人脚应朝向穿有珠子的竹签末端。机器人腿和珠子应近乎能碰到一起。

5 将一个大珠子或数个小珠子滑到竹签上直到这些珠子几乎能碰到第一条机器人腿为止。珠子应覆盖竹签约1厘米的长度。

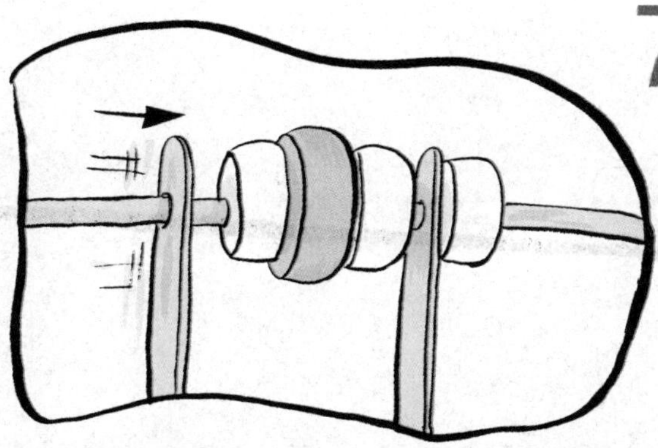

6 滑动第二条机器人腿，机器人脚的指向与第一条机器人脚的指向相反。将另一个珠子滑动到竹签上以便固定机器人腿，保证留出充足的空间以方便机器人腿来回摆动。如果外部珠子的位置变动了的话，需在竹签周围缠绕一圈橡皮筋或一小段胶带防止珠子滑动。

7 在竹签两端粘贴一个珠子。珠子应紧绷在竹签上；否则的话，需用胶带将其固定。你能将珠子粘在竹签上，但是首先要确保机器人腿位于竹签的中心位置且迷你行走器被平稳放置。切勿将胶水粘在腿上。

8 让行走器站立起来行走。将2根冰棒棍分别粘在机器人的两个脚上。

9 制作一个长形平整表面，（可以将一本大书或一张硬纸板一样被略微倾斜地放置）作为测试坡道。用遮蔽胶带铺设坡道以增加摩擦力。把行走器放在坡道顶端然后轻拍竹签的末端，以此对行走器进行测试。

第四章

效应器：机器人如何工作

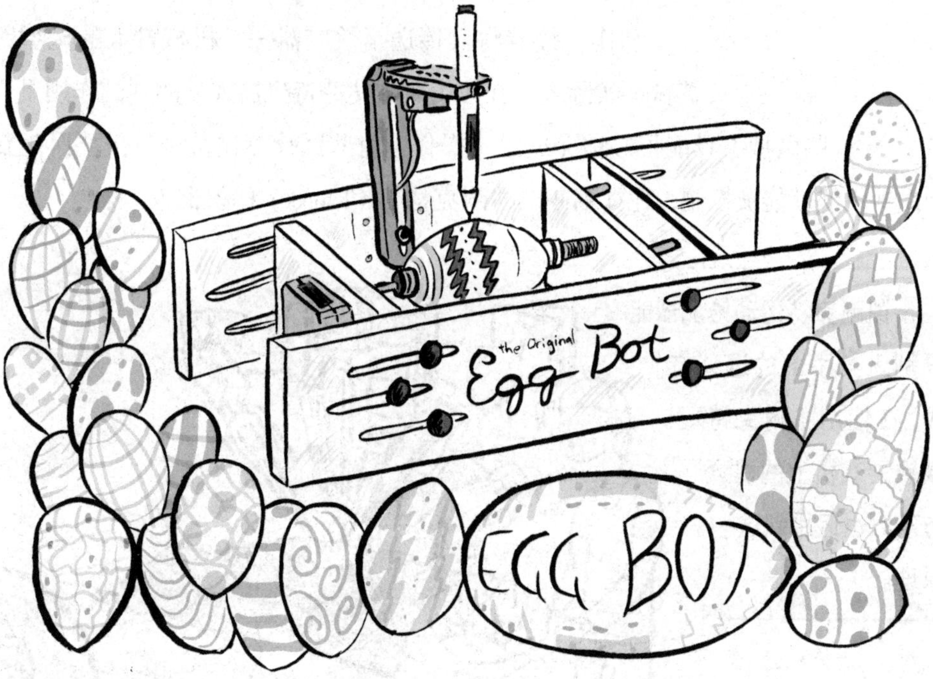

效应器是所有机器人用来对外部世界发生反应的装置。手臂、夹具、工具、武器、光源或扬声器都能充当效应器。

工业机械臂的效应器可能是油漆喷枪或电焊机。美国国家航空航天局的火星探测器的效应器就是一种能将火星表面的岩石标本磨碎的工具。能像艺术创作机器人一样绘画的机器人的效应器则是钢笔，“**绘蛋机器人**”（Eggbot）便是其中之一，它是一款能在蛋壳上绘制精美图案的可编程机器人。

趣事儿

程序员能让你通过转动神奇画板上的刻度盘控制该绘蛋机器人。

家用机器人可利用吸尘器、割草机刀片或拖把作为效应器。智能之家的效应器可以是顶灯、立体声系统以及其他带有机械人操控技术的内置电器。

其他机器人的效应器通过复制人类的动作来工作。它们能精确地复制动作，放大、缩小动作。“达芬奇外科手术系统”能识别被机器人监控的医生的手部动作，接着将其传送至效应器——机械臂上的微型医疗器械。实际上，在医生和“达芬奇机器人”的共同作用下，这些微型工具能很好地完成手术操作。有些医疗器械甚至只需要医生在空中做些手势就能被控制，比如名叫“凯耐克特”（Kinect）的机器人。

凯耐克特运动检测器能识别人类手部的运动方式，在使用凯耐克特玩微软游戏机上的视频游戏时也运用到这一原理。

何不体验一把机甲坐骑？

机甲外形如一个巨型动力外骨骼，内部体积庞大，足以将一名骑乘人员容纳其中。榊原机械株式会社（日本一家农用机械制造公司）制造了娱乐型机甲。

儿童专用机甲人（Kid’s Walker）是一款儿童大小的机甲，机身装配有两个大型机械臂，且采用大型金属夹钳作为效应器，两条粗壮的大腿上还安装有像溜冰鞋一样能保证机甲平稳走动的轮子。要想驾驶儿童专用机甲，使用者需爬上位于机器人胸部的高高的座椅，然后通过设在座椅扶手上的两个操纵杆来操控机甲。同时，榊原机械株式会社也生产被他们称为“对战型机器人”的战斗机器人，“对战型机器人”有点像实体大小的战斗机器人竞技场（Rock’em Sock’em Robot）玩具，但是使用者是坐在机械“对战型机器人”体内而不是通过控制杠杆操纵拳击动作。此外，机身设有能控制动作的脚踏开关，手柄上还配有能发出出拳指令的按钮，而机身上的金属骨架还能保护人类驾驶员免受伤害。

另外一种效应器是能放大使用者动作的动力外骨骼。一些像“重新行走”（Rewalk）一样的动力外骨骼能帮助残疾人士更自然地行走，其他一些动力外骨骼能像机器人套装一样给运动能力一般的人额外的力量并提高他的行走速度。

2010年，马萨诸塞州的雷神公司推出了一款新型XOS外骨骼版本，一个穿戴XOS外骨骼的成人能像彪形大汉一样长时间举起超出同等重量的负荷物而不觉得疲惫。据雷神公司介绍，一名身穿XOS外骨骼的员工能胜任两或三名员工的工作。

自由度

机器人的效应器和其他活动部件具有不同的**自由度**。机器人部件能向一个方向移动则说明机器人有1个自由度。如若手臂能上下移动，则说明手臂有1个自由度；若手臂能够由一边向另一边移动，则说明手臂有2个自由度；如果手臂在其中一个方向上还能旋转的话，则说明手臂有3个自由度。每产生一个自由度往往需要一个**结合点**和一个效应器。结合点使得机器人部件能以一种或多种方式移动。

词汇点睛

自由度：机器人效应器或其他部件可移动方位的数目。

结合点：机械臂上的部位或其他可弯曲和旋转的部件。

具有3个自由度的机械臂往往能移动到区域内的任何地方。

有时，自由度越高，有用性越佳。典型的机械臂，例如国际空间站上的“加拿大臂”（Canadarm）有6个自由度。像人的手臂一样，它们也由肩部、肘部和腕部关节组成。因为肩部既能上下移动又能左右移动，所以肩部有2个自由度；肘部能上下移动，因此肘部有一个自由度；腕部既能上下、左右移动，又能旋转，因此腕部有3个自由度。这样一来，整个手臂共有6个自由度。

由此看来，似乎增加自由度是件好事，实则不然，每增加一个自由度，机器人的组建将变得更加复杂，因为必须驱动和操控每个不同动作才能将所有不同的动作协调在一起。

这就是为什么机器人设计师在组装机器人时往往选用完成任务所需的最少自由度。

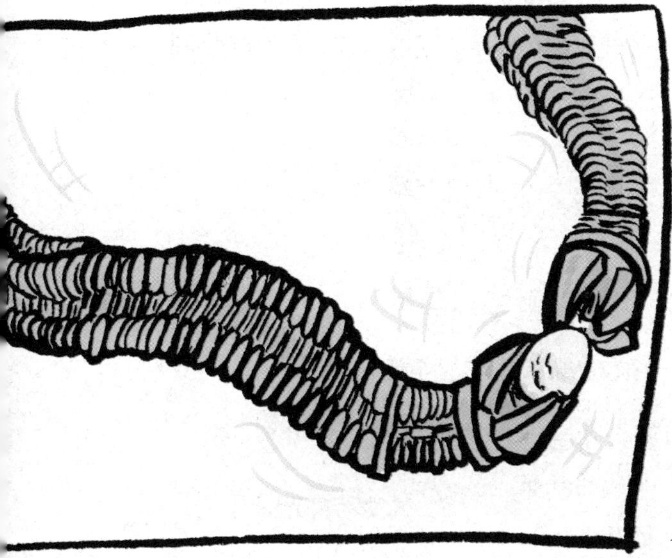

然而研究人员也在研究如何构建具有更高自由度的先进的机器人。一家名为费斯托的德国公司研制了一个能像大象鼻子一样弯卷的“仿生抓取助手”（Bionic Handling Assistant）。这个机器人的手臂上有13个气压传动装置和11个自由度，整个机身由软塑料环制成，因此机身上没有一处结合点。在“象鼻”尾部设有一个三指“鱼鳍夹子”（FinGripper），其手指设计灵感来源于鱼鳍，它能抓取普通机器人可能会碰伤或击碎的物品，如橙子、鸡蛋和瓶子。

“万能堵塞钳”（Universal Jamming Gripper）是采用一种迥然不同的设计的实验效应器。其工作原理是“堵塞”，当粗粒材料（如沙子）为松散状态时会像液体样流动，但是当它们挤在一起时，又如固体一般。

万能堵塞钳由装满咖啡豆的乳胶气球制成。装满咖啡豆的气球会被连接到一个吸尘器上。为了抓取物体，需将气球放在物品上并向下压紧气球，之后吸尘器会将气球内的空气吸走，这使得咖啡豆向下坠落并紧紧地挤在物品周围，而保持气球不上升。实验中，万能堵塞钳力大无比，足能将两个大水壶举起，且灵活性强，如能抓取平放在桌面上的硬币。

自己动手做

机械手

设计一款能抓取物品而又不对物品造成损坏的机械手是一项艰苦的工作。机械手常常设有十几个机械结合点，每个结合点配有一个必须通过编程才能抓取特定物品的伺服电机。2010年，机械工程教授艾伦·多拉尔（Aaron Dollar）和耶鲁大学格莱伯（Grab）实验室联合研制了一款新型机械手，它由软塑料和橡胶制成，能像人手一样工作。

所需材料

- 1张硬纸板（结实的明信片样纸）或其他薄而硬的纸板
- 剪刀
- 马克笔
- 透明胶带
- 3至4个饮料吸管
- 5段约25厘米长的绳子
- 钩针（选用）

1 剪下1个10平方厘米的硬纸板用以制作机器人的手掌。

2 剪下4个宽2厘米、长7.5厘米的长方形硬纸板用以制作机器人的4根手指。剪下一个宽2.5厘米、长5厘米的长方形硬纸板用以制作机器人的大拇指。在手指和拇指上画些水平线将它们分隔成2.5厘米长的节段，这些便是机械手的结合点。

3 将手指在手掌的顶端依次排列开来，并将拇指沿着手掌的侧面排开，以此来布置机械手。

4 将手指和拇指沿着结合线剪成段，并把它们重新组装在一起，每段之间留点距离。

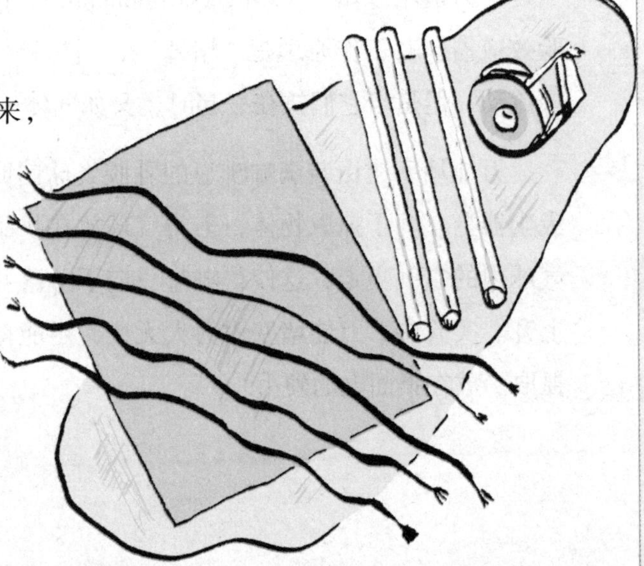

5 用胶带将手指段相互连接在一起，并将它们连接到手掌上，注意每段之间要留点距离。

6 将吸管切成19段，每段长约1.5厘米。

7 在机械手的内侧，用胶带将每段吸管连接到每段手指上以及每个手指下面的手掌上。必要时需修剪胶带的外边，以免胶带悬在吸管边缘。

8 用一根绳线将每根手指上的吸管串连起来（钩针会帮助你拉出吸管内的绳线）。用胶带将绳线上端连接到指尖上，需保持绳线下端为松垂悬挂状态。

9 牵拉绳线让手指向内侧弯曲。只要稍加练习，机械手就能在你的操纵下以逼真的姿势完成物品指向和抓取动作了。

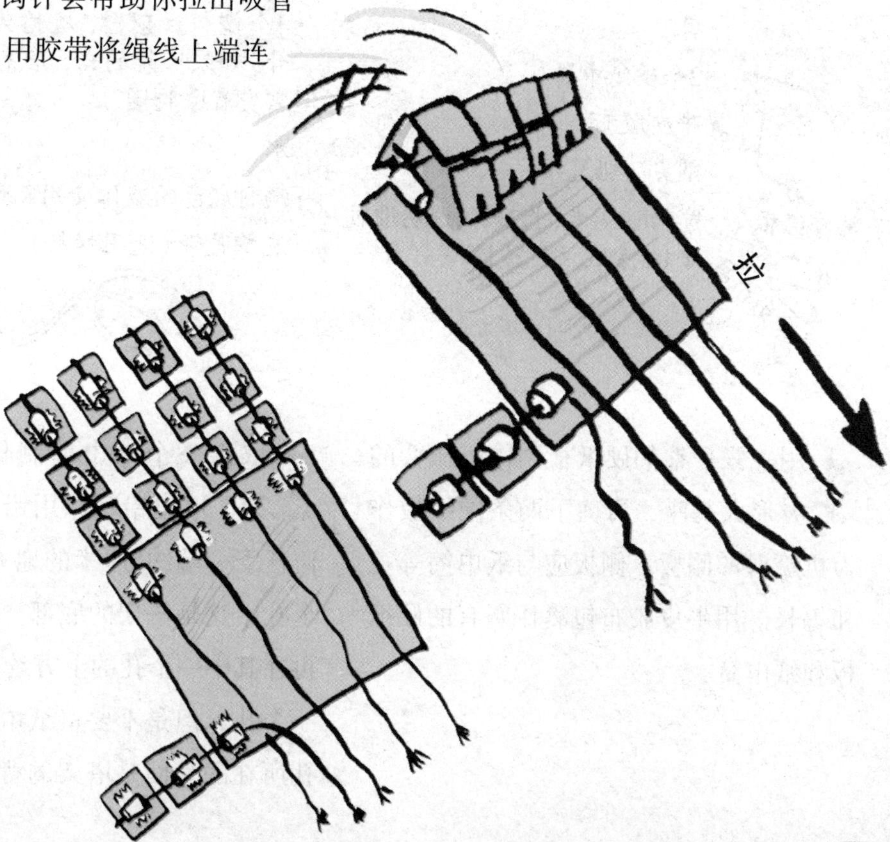

机械臂

这个机械臂虽然只有两个自由度，但仍能弯曲和抓取物品，它能借助液压动力移动每个结合点，制作这个机械臂要用到塑料注射器、硬纸板和牛皮胶布。你也可以利用构建套件（如乐高积木）或其他诸如木制油漆搅拌器和冰棒棍等材料来对本设计进行改造；或者你还可以为机身添置一个可来回旋转的支承基面、一节可上下弯曲的臂或是可自由开合的机械爪，使机械臂有更多的自由度。

所需材料

- 硬纸板（数量足能制作机械臂和基座）
- 剪刀
- 2个硬纸巾筒
- 牛皮胶布
- 削尖的铅笔头
- 宽约6.3毫米、长2米的透明橡胶管（能套在注射器上）
- 透明胶带（最好是结实的包装胶带）
- 4个塑料注射器，规格为10毫升，如果可能的话，活塞上还需安有橡胶圈
- 水
- 两种颜色的液体食用色素
- 泡棉胶带（选用材料）

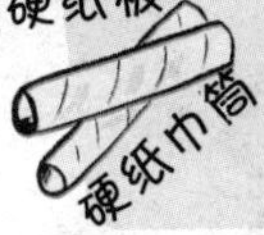

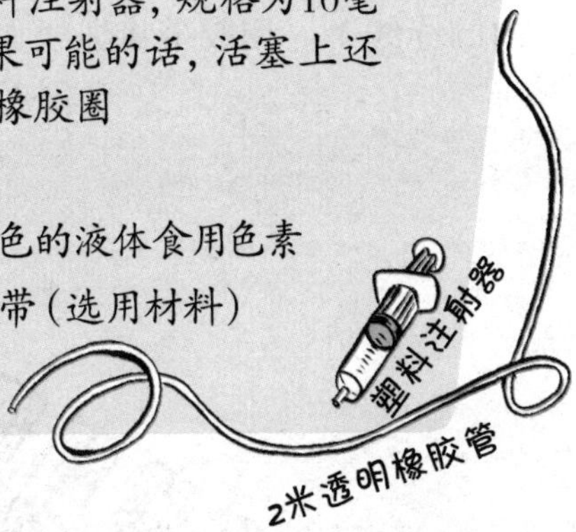

1 用一张平整的硬纸板制作机械臂的方形大基座，再剪下两条硬纸板作为机械臂的侧板。侧板应与纸巾筒等宽和等长。用牛皮胶布包裹住所有的硬纸板和纸巾筒。

2 取出一个纸巾筒制作机械臂的塔架。取出铅笔，用铅笔在距离纸巾筒任意一端约5厘米的地方戳出对应的2个孔，这是塔架的底部。将铅笔取出，再在其中一个孔的上方约2.5厘米处戳开一个孔，但是不要将纸巾筒戳穿，这个孔所在的一面是塔架的背面。在距离纸

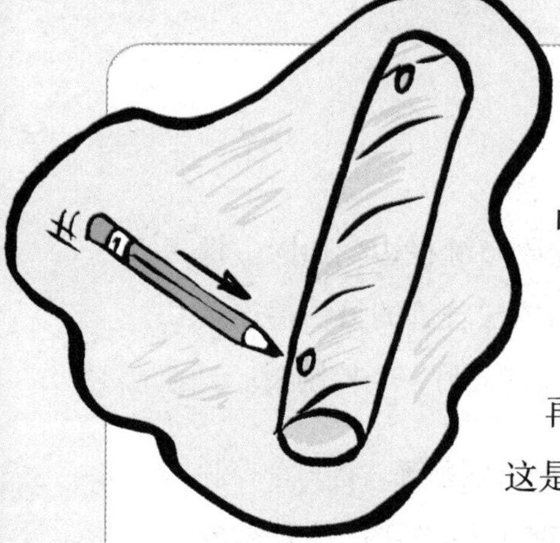

巾筒另一端约5厘米的地方径直插入铅笔，再将铅笔取出。这是塔架的顶部。

3 剪一段长约60厘米的橡胶管，将橡胶管从底部穿出，再剪下一段长约1米的橡胶管，将橡胶管伸进纸巾筒底部附近的单孔，并从塔架顶端伸出。用胶带将塔架底部固定在基座一端。

4 拿出一条侧板（步骤1中制作），将侧板的一端放在塔架顶部的一个孔边。用铅笔戳穿侧板，然后再穿过塔形支架顶部的两个孔，将铅笔留在那里作为机械臂的连杆。将另一个侧板与第一个侧板并排放置，并用铅笔将其戳穿，之后切断铅笔尖或是用胶带将铅笔尖包裹住。

5 将注射器依次编号为1号、2号、3号和4号。接下来要做机械臂。取出另外一个纸巾筒并将其平放。将1号注射器平放在纸巾筒上，并使注射器的活塞悬空，然后用透明胶带将注射器固定在纸巾筒上。用牛皮胶布粘住透明胶带的末端，这样会更牢固，但是要保证注射器中间部位为透明状态以便你能观察注射器的运转状态。

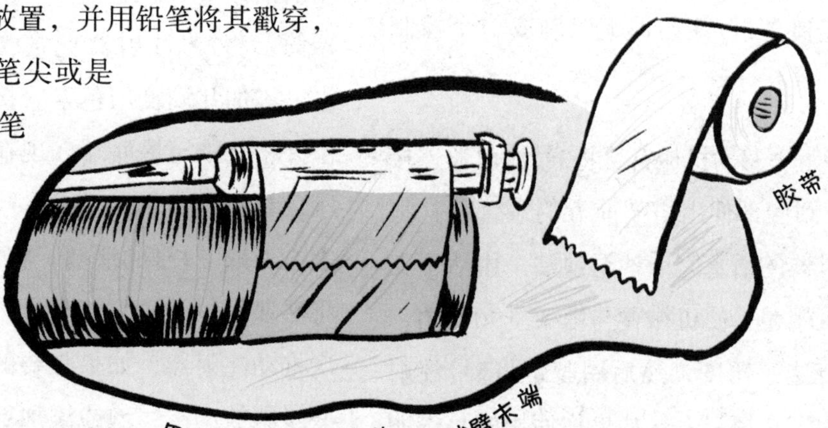

趣事儿

经发明家狄恩·卡门简化的截肢人士专用机械臂有14个自由度，他的设计团队发现机械手的小指和无名指的动作没有其他分部的动作重要。

6 将这个纸巾筒放在机械臂两个侧板中间，使针头朝向塔架。拉出活塞以确保当机械臂放下的时候活塞的末端几乎能碰到桌子，但是纸巾筒不会碰到塔架。用牛皮胶布将纸巾筒粘在机械臂的中间。将伸出塔架的橡胶管连接到1号注射器上，将同一个橡胶管的另一端连接到2号注射器上以制成一个控制泵。

7 上下移动机械臂，将3号注射器连接到底部伸出塔架前方的短管上，将注射器的活塞完全抽至顶端。用活塞支撑机械臂，使机械臂与塔架呈90° 角，保持这个角度，然后用胶带将3号注射器固定在塔架上。如果你使用的是透明胶带，再用牛皮胶布缠在边缘加固。将从塔架背部探出的橡胶管的另一端连接到4号注射器上以制成另一个控制泵。

8 用气动力来测试该系统。将一个控制泵上的活塞推入注射器内，此时橡胶管另一端的活塞应滑出。如果没有橡胶圈注射器就会漏气，请将活塞取出，并尝试在顶端附近绑扎一个小橡皮筋，完成后将活塞复位。

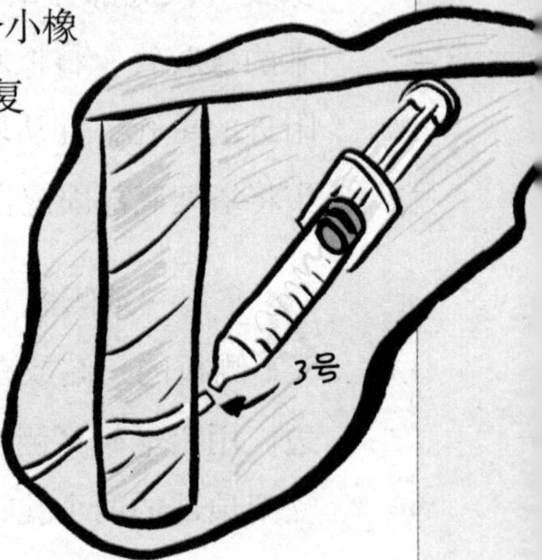

9 在注射器内装满水以测试液压系统。将2号注射器内的活塞取出，此时另一端的活塞应进入注射器筒。将2号注射器直立放置，并装满水，添加几滴食用色素。接着将活塞复位并将其推至最底端。现在用手托着基座使机械臂倾斜，直至1号注射器指向上方。取下1号的活塞，将水注入1号。将活塞复位并放平基座，慢慢地来回多次推动注射器，如果必要的话，重复这些步骤放出空气泡或添加更多的水。注意不要注入太多水以免活塞从控制泵中迸出。一个系统（两支注射器和一根橡胶管构成一个系统）调试完毕后，以相同方式调试另一个系统，但是要向水中滴入不同颜色的色素。

10 调试完毕后，用胶带将3号、4号注射器粘在基座上，让活塞悬空。推入4号注射器将机械臂抬起直到与塔架垂直。在3号注射器活塞与机械臂的接触点使用一小块泡棉胶带，防止位移过大。

11 最后，测试机械臂。找一个有大开口、圈环或钩子的较轻物体，看看机械臂能否弯曲取物。你可能需要多加练习才能熟练地在正确的时间推动控制泵。

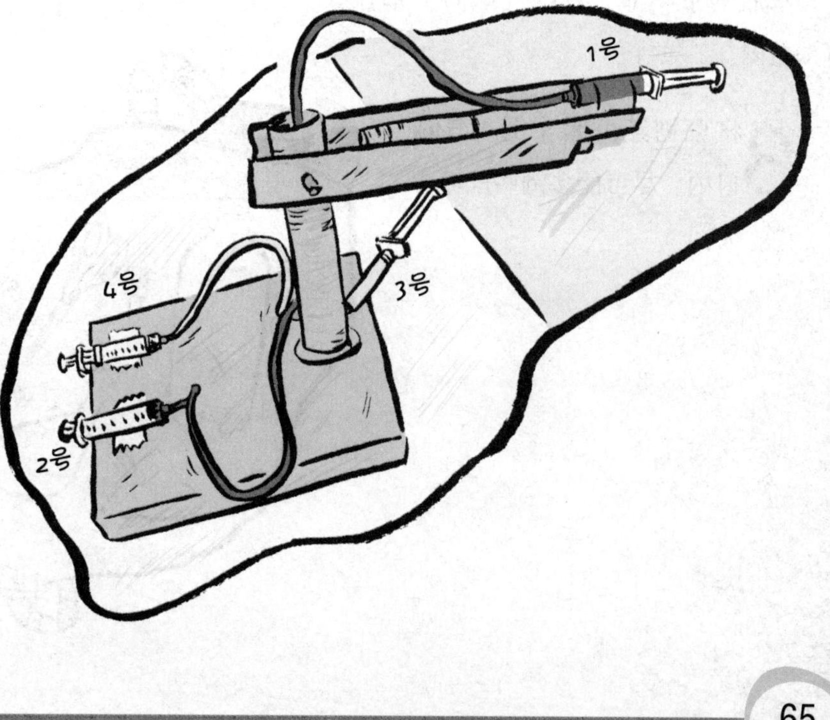

自己动手做

软式机械爪

组装一个个性化的“万能堵塞钳”是一件轻松的事情。如果手边没有真空泵，可以用肺部的呼吸来代替。因为咖啡渣味道很重，你可能会更喜欢下面这个蔗糖版本的机械爪。

所需材料

- 干净的汽水瓶
- 剪刀
- 乳胶气球
- 约半杯颗粒状蔗糖（100克）
- 结实的塑料吸管
- 约5平方厘米的小片薄布（旧T恤衫即可）
- 防水胶带

1 将汽水瓶从“肩部”略偏下的位置剪成两半，用上半部制成一个漏斗。取下上半部，将其倒放在下半部内。

2 向气球吹气以拉伸气球，接着放掉空气。将气球口安在汽水瓶漏斗的颈部，再将漏斗放入汽水瓶的下半部，保持气球向下垂在瓶内。

3 将蔗糖经由漏斗倒入气球口内。尽可能多倒些蔗糖。

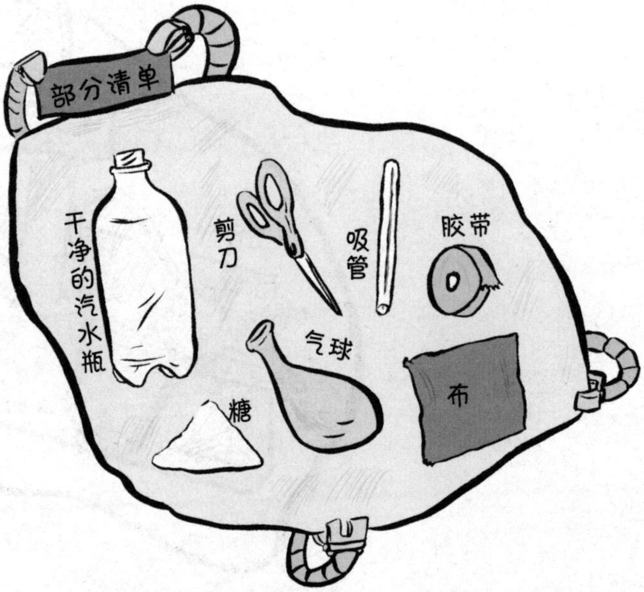

5 在你想捡起的物品（如瓶盖）上按压气球。将吸管的顶端放到嘴里并尽可能多地吸出里面的空气。一边尝试举起物品一边吸气。接着呼出气体让物品坠落。看看你能用机械爪捡起多少物品。

4 用布片盖住吸管的一端，用胶带将布片固定在吸管上，确保布片被紧紧地固定在吸管上。将包有布片的一端经由漏斗插入气球内直到橡胶将整块布覆盖住。小心地将气球从漏斗上移走，并捏住裹住吸管的气球。将漏斗抽出，在气球周围多缠绕些胶带以便将气球固定在吸管上。

第五章

传感器：机器人如何知道发生了什么

机器人能像有生命的物体一样利用感觉判断周围发生的事情。对人类而言，这些感觉包括视觉、听觉、触觉、嗅觉和味觉。

眼睛以光波的形式接收存在的信息并将其转化为大脑可识别的信号，由此人类便产生了视觉。耳朵检测到声波后由大脑判断所听到的声音是言语、音乐还是噪音，由此人类便产生了听觉。当用鼻子闻气味的时候，便是在提取空气中的漂浮颗粒。而用舌头品尝味道可帮助人们判断物体的化学组成。用皮肤接触物体有助于判断物体表面的质感和冷热情况。同样，你也能通过骨骼和肌肉感知外界的变化：物体重量如何，可通过将其举起或是判断其坠落时间，或是通过它隆隆驶过时地面的震动情况来得知。

趣事儿

老虎、海豹和老鼠通过胡须来感知所接触到的东西，机器人则将人工晶须作为自己的传感器。在黑暗、多尘环境中或在水下，晶须的工作能力要比光敏感器或摄像机更强。晶须碎裂后，更换成本也更低。美国国家航空航天局的研究人员已经在其火星探测器上进行了晶须实验。

机器人的传感器是采用机械或电子原理制成的，但是其工作原理与人类器官非常类似。

机器人的传感器能接收信息并将信息转换成机器人“大脑”可以识别的信号。传感器收集的信息为**输入信息**，机器人的“大脑”在收到输入信息之后会根据其设计或程序决定下一步的行动内容，之后机器人会通过效应器作出反应，这个反应即为**输出**。

词汇点睛

输入信息：输入机器或电力系统的信号或信息。

输出：机器人的传感器接收输入信息后所采取的行动或其他反应。

最简单的机器人传感器是一个机械开关，如按钮或滑动**拉杆**，将开关安装在机器人的外部便可作为传感器来使用。通过对该传感器的设计或编程，机器人撞到某个物体，导致开关被按下后，电源就会关闭或机器人的移动方向会被改变。

词汇点睛

拉杆：用于物品驱动或调整的棒状控制装置。

光敏电阻传感器：通过光照强度来改变电流的电阻大小的光传感器。

紫外线：波长短于可见光的一种光线，也被称为“黑光”。

另一种简单的传感器是倾斜开关。机器人身子倾斜时倾斜开关就会被激活。比如内置金属球的管子就是一种常见的倾斜开关。在管子的一端有两根作为电路终端的金属线，而金属球会在管内来回滚动。因为金属线不是连着的，断开电路后电流不能通过，所以，如果机器人的倾斜幅度满足要求的话，金属球会连通金属线，电流就被接通了。

随后，金属球就会向下滚动，碰上两根金属线接通电路，然后电信号就被传给机器人了。

光、摄像机和行动！

机器人也可以装配其他**光敏电阻传感器**，如像电子眼一样的光敏电阻传感器。电阻是一种控制电流流量的电子设备，光敏电阻则借助光照来控制电流。

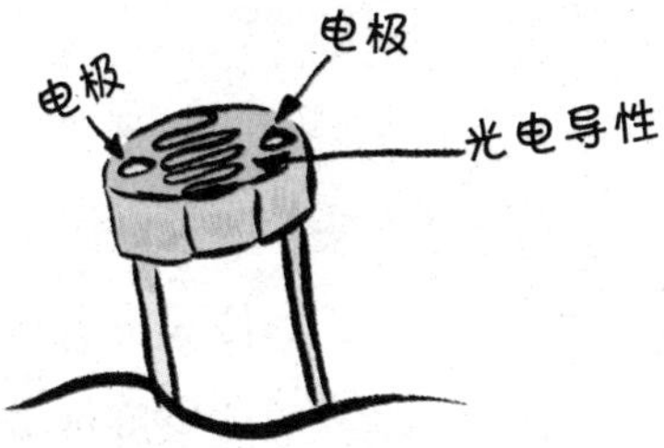

光敏电阻由一个涂有波浪线的、与电路相连接的小圆盘组成，该波浪线由光敏化学物质制成。如果光线照射到化学物质上，电阻下降，电流增加。电阻越低，电阻导电性越高。因此，光学电阻可告知机器人是身在阴暗处还是亮光下。

许多动物具有人类没有的感知能力，机器人的效应器也一样。人的肉眼通常是看不到紫外线的，但是一些昆虫和鸟类却能看见。一

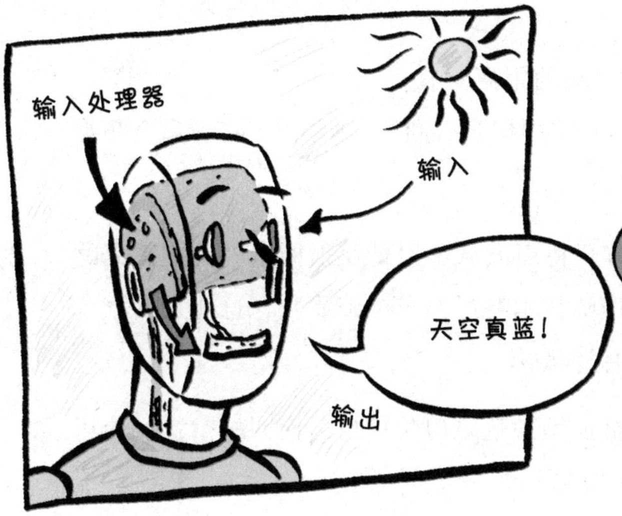

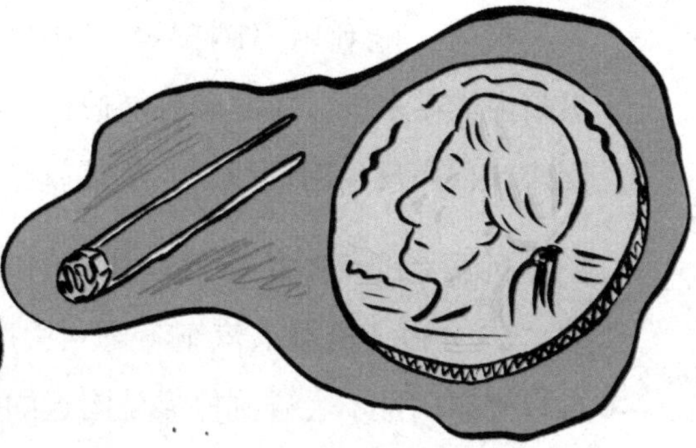

些花朵利用只在紫外线光线下才可见的颜色和图案来吸引昆虫。你是否注意到有些东西在“黑光”灯泡下会发光？这种光亮就来自灯泡的紫外线辐射。

趣事儿

光传感器也能被当作原始摄像机使用。将一组光传感器摆放在一起，机器人能运用输入信息判断明暗形式是否可构成其能够“识别”的符号。

来自太阳的紫外线会晒黑或晒伤皮肤。而有些家庭使用紫外线传感器来加热炉子，它们能像火灾警报器一样检测火焰中的紫外线。一些家庭供暖设备也采用这样一种紫外线传感器，它们能通过测定紫外线的辐射强度来判断设备内火焰的燃烧情况。

趣事儿

有些人能感受紫外线：普通人的眼睛里都有一个通过吸收紫外线来避免眼睛被太阳灼伤的晶状体。没有这个晶体状的话就能看见蜜蜂眼中的世界了。

在途中

机器人能利用**声呐**判定与物体之间的距离。在黑暗中或在水下，蝙蝠和鲸能通过声呐对物体进行定位。动物发出声音后会倾听**回声**，回声反射时间越长，物体就越远。

机器上的声呐传感器以相同的方式将声波从反射处反射回来。例如雷克萨斯“LS 460 L机器人汽车”可利用声呐技术绕过路上的障碍物，这能帮助汽车自行停靠，且不会碰到停靠处附近的任何物体。

同样的回声技术也在将无线电波或微波从障碍物处反射而回的**雷达**和使用激光或其他光波的**激光雷达**中得到了应用。

机器人还能利用**红外线**光波来测定距离。像紫外线一样，红外线是肉眼看不到的，但是我们能以其他方式感觉到红外线的存在，比如热量。餐馆有时候

词汇点睛

声呐：一种通过检测声波从物体处反射的时间从而测量物体距离声源远近的方式。

回声：远处物体反射而出的、反射至声源处的声波。

会使用红外线灯来保温食品，凡能识别红外线辐射的动物都能“看到”不同的温度，正如我们能看到不同的颜色一样。例如，响尾蛇的鼻子附近有一个能让它们在晚上也能捕食的红外线“坑”，这个红外线“坑”能检测温血动物所辐射的红外线。

机器人也能像蛇一样利用红外线感应器来探测热量，但它们也可以同时使用红外线**发射器**和红外线传感器。红外线发射器发射一束或多束红外线，感应器能测量红外线从前方物体反射回来所需的时间。前文提到的凯耐克特视频游戏控制台可以以同样的方式，即通过红外线来判断你在移动时身体、臂膀和腿部的位置。

机器人也利用与人类导航仪相同的装置进行导航，但是机器人的导航仪通常是内置的。机器人指南针能将前行方向告诉机器人，就像徒步旅行者使用的指南针一样。机器人也能利用**GPS**确定它们在地球上所处的位置。

词汇点睛

雷达：一种探测物体的装置。工作原理是向物体发射微波或无线电波并计算微波或无线电波从物体反弹回来的时间，由此定位物体。

激光雷达：一种通过在物体表面投射光线并测定光线返回所需时间来测定物体间距的装置。

红外线：一种波长长于可见光的可以以热量的形式被人体感知的光线。

发射器：一种发射出光线、声波或其他信号的装置。

词汇点睛

GPS：全球定位系统，一种利用太空中的不同卫星发射的信号来确定物体在地球上所处的位置的装置。

远程呈现：一种利用视频、其他传感器和显示屏让某地的某人看起来像是身处另一个地方的自动装置。

加速度计：工作原理是检测质量块的惯性力来测量载体加速度的敏感装置。

一些机器人装配有能将信号传送给近处或远处的人工操作员的摄像机和麦克风。2011年日本核电站在地震和洪水中被毁坏后，核电站的辐射会有害人体健康。因此人们把一对由美国iRobot公司研发的“背包机器人”（PackBot）送入该核电站内，背包机器人是一种能在艰苦环境中工作的军用拆弹机器人。最终，这一对机器人发回了与核电站毁坏相关的视频和其他信息。

可移动**远程呈现**机器人通常不会被送入危险地带，但是它们的工作原理相同。2011年，美国德克萨斯州的一名高中生林顿（Lyndon）因患重病不能去学校上学，于是他开始借助一台远程监控机器人来上课。

该机器人由VGo通信公司制造，它配有一个麦克风和一个摄像机，因此林顿能看到学校所发生的事情，还能听到声音。教室也配有一个扬声器和电视屏幕，所以老师和同学们也能看到林顿并听到他的声音。

林顿通过家用电脑上的远程监控器让该机器人穿梭于教室间。机器人让林顿产生一种还在学校上学的感觉，而同学们也觉得他就在教室里上课。

配置有传感器的自动驾驶汽车

2010年，互联网搜索公司谷歌宣布正在对一台自动驾驶汽车进行道路测试。该汽车由计算机科学家塞巴斯蒂安·杜伦（Sebastian Thrun）研发，杜伦带领研究小组设计了“斯坦利”（Stanley），并赢得2005年无人驾驶机器人挑战赛的冠军。杜伦希望有朝一日机器人汽车能用于防止交通事故和减轻交通拥挤。这辆谷歌汽车装配有摄影机、声呐、GPS和其他用来检测车流量、障碍物和周围人员的传感器。它将输入信息发送至谷歌的电脑进行分析。谷歌汽车已独自在闹市和盘山公路上穿行了数十万千米的路程。假若你在硅谷101高速公路上遇见了它，可要当心哦！

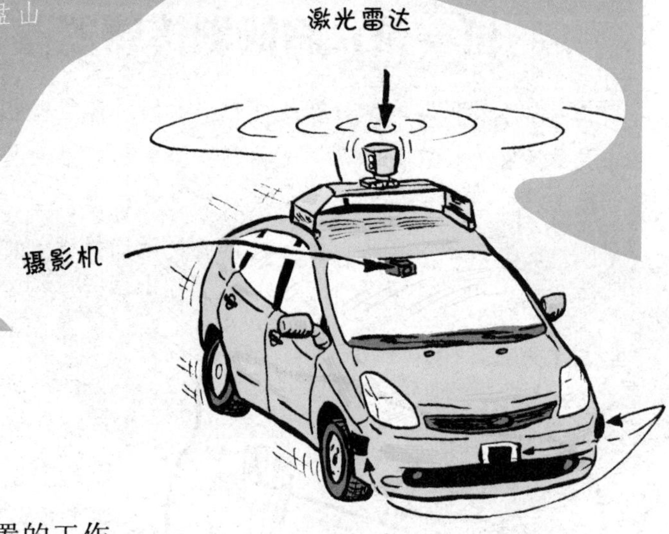

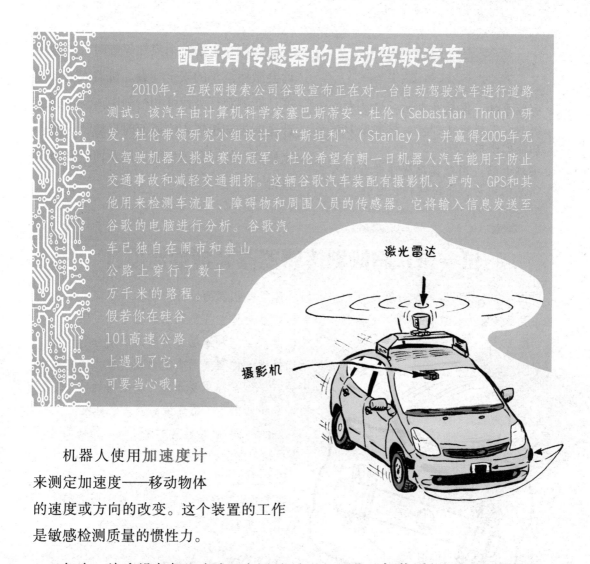

机器人使用**加速度计**来测定加速度——移动物体的速度或方向的改变。这个装置的工作是敏感检测质量的惯性力。

如今，许多设备都配有内置加速度计。如果你将**智能手机**、iPad或**平板电脑**侧向放置，加速度计会颠倒显示屏幕上的图像以让其位置与你放置的位置相匹配。日本任天堂公司（Nintendo）的Wii视频游戏在控制器内部配置有一个加速度计用以监测移动方式。

词汇点睛

智能手机：像简易电脑一样具有玩游戏、发送电子邮件、观看电影等功能的手机。

平板电脑：用触摸屏代替键盘输入信息的简易、平坦便携式电脑。

当汽车遭遇车祸突然停驶时，加速度计会激活汽车的安全气囊。机器人的加速度计能测定行驶速度和行驶距离。加速度计还能告知机器人应该何时启动、何时停止移动、何时会遭到撞击以及何时斜行或直行。

试一试：将倾斜传感器改装成加速度计

你可以利用与本书第72页介绍的倾斜传感器相同的设计来制作一个简易加速度计。首先，在吸管两端都放置安全别针，然后把它安装到基座上（如一张硬纸板），或是直接安装到一个滚动玩具或机器人上。加速度测量管的两端分别连接到一个电力效应器上，如扬声器或发光二极管。你需要两个电力效应器才能完成该步骤——一个放在前方，一 个放在后方。如果你需要添加一个电池的话，可用电线将两个效应器连接到同一个电池上。

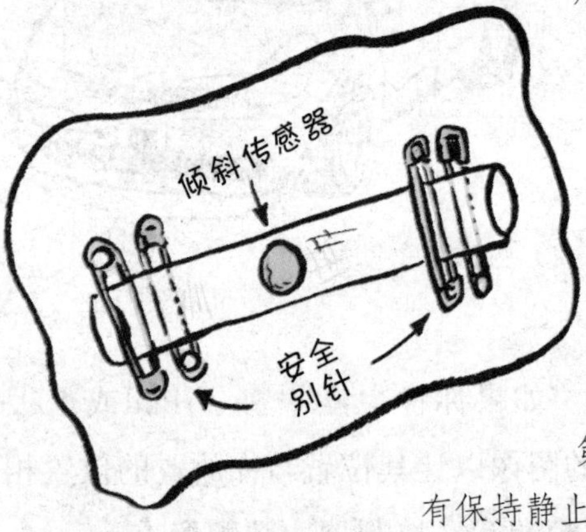

接着前后快速移动加速度计。如果加速度计向前移动，金属球应该向后滚动，并打开后端的效应器。要想取得更好的效果，你可能需要尝试使用不同长度的吸管和多个金属球。

加速度计的理论依据是艾萨克·牛顿（Isaac Newton）在1687年提出的牛顿第一运动定律。该定律指出，静止中的物体有保持静止状态的趋势。当加速度计开始运动时金属球却尽量保持静止不动。因此，金属球并不是真正地在向后滚动——而是因为其下面的吸管在向前运动。

自己动手做

滚球倾斜传感器

该倾斜传感器能用于激发配置有简易“打开/关闭”开关的效应器。你能用电机或LED灯泡对它进行检测；或者如果你能找到一个玩具小喇叭，将小喇叭接入电路后你就能把它改装成一个蜂鸣器了。另一个有趣的装置是贺卡上的电声装置：打开贺卡后，它会播放音乐或你事先录制的短讯。将该装置连接到倾斜传感器上，在传感器被碰触后便会开始播放音乐和短讯！

所需材料

- 塑料吸管（宽吸管的效果更好）
- 剪刀
- 1～3个能放进吸管内的小尺寸金属轴承钢珠（五金店或自行车商店里有售）
- 两个小号或中号安全别针
- 胶带（透明胶带或绝缘胶带）
- 长约30厘米的绝缘电线
- 剥线钳（可选）
- 带有声音或其他电力效应器的贺卡
- 电池（如果前一个材料尚未安装电池的话）

1 剪下一段长约7厘米的笔直吸管。用小段胶带（粘连面向上）或纸盖住吸管一端，再用胶带将其固定。在吸管内放入一粒或多粒金属球。

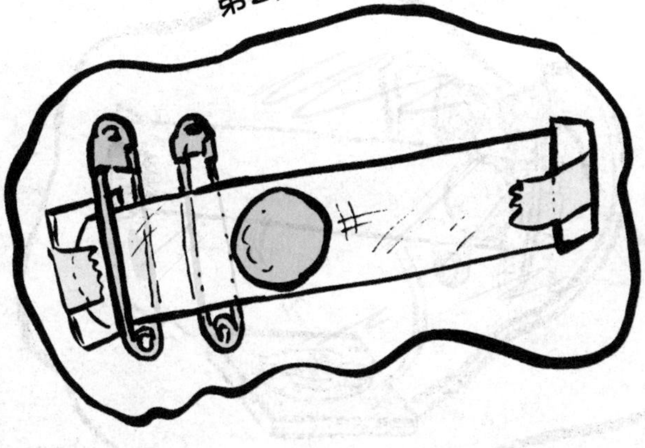

2 将两根安全别针插入吸管的一端，深度约为1厘米，看起来就像横在窗户上的木栓。注意插入吸管内部的安全别针之间要留有一定的距离，同时还要确保在吸管外的别针也不会碰到一起。

3 朝安全别针的方向滚动金属球。保证金属球能同时触碰安全别针，否则调整别针的距离直至满足上述条件为止。

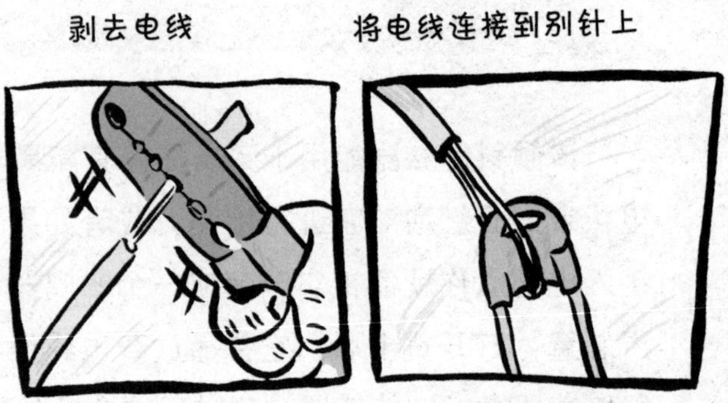

4 剪下两段长约15厘米的电线。用剥线钳或剪刀从每根电线两端剥下1厘米的绝缘材料以便露出内部金属。将电线的一端连接到一个安全别针的弯钩处，用胶带固定。再采取同样的方法处理另一根电线和别针。

5 打开贺卡并小心地展开内置发声装置的胶粘封口，拆除金属开关上的塑料滑动拉臂，该开关上有一个与金属片相接触的金属把手。向上弯曲把手将其关闭。可以用胶带将倾斜开关粘在贺卡上，或者可以将整个发声装置从贺卡上卸下来单独使用。用胶带将从倾斜开关伸出的一根电线连接到金属把手上，另一根连接到金属板上。

6 在测试倾斜开关的时候可倾斜开关直至金属球碰到两个安全别针上为止。效应器应为接通状态，否则，检查线路连接。检测无误后，可用胶带固定所有的电路连接。

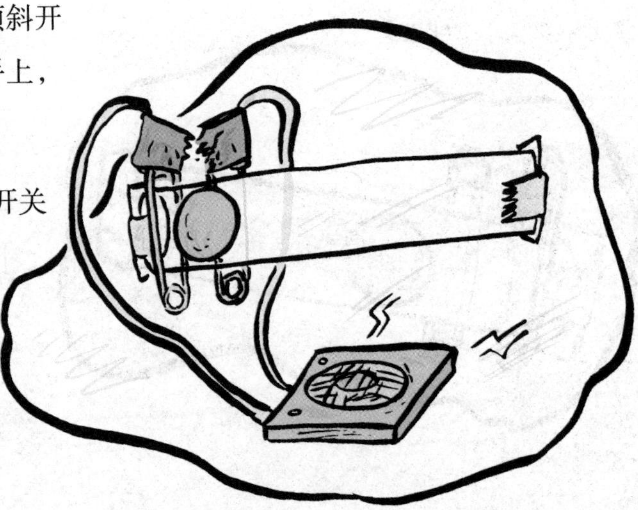

自己动手做

把数码相机当作红外线检测器使用

拿着遥控器对准电视机时，遥控器会向电视机的内置红外探测器发送红外线信号，但是红外线对人是不可见的——除非你使用一台数码相机。

你需要

- 电视机遥控器
- 一位搭档
- 数码相机或带有照相功能的手机
- 微软游戏机运动感测装置凯耐克特（选用材料）

1 将电视机遥控器放在数码相机或手机摄像头的前方并按下按键，就能看见电视机遥控器上的红外线发射器发出亮光。让一位搭档帮你举起遥控器。尽量离你近一些，但要保证对准焦点。

2 在你的搭档按下电视机遥控器上的任意按键的时候，请注意观察照相机的显示屏。你应该能看见显示屏忽明忽暗，且略带紫色。

3 微软游戏主机上的凯耐克特运动传感器也运用了红外线技术。如果你有一个凯耐克特，你能采用相同的方式看见红外线光束。让房间变暗，打开游戏机，通过照相机环顾四周。你应该能看见四周所有物体都被成百上千个闪闪发光的点覆盖着。

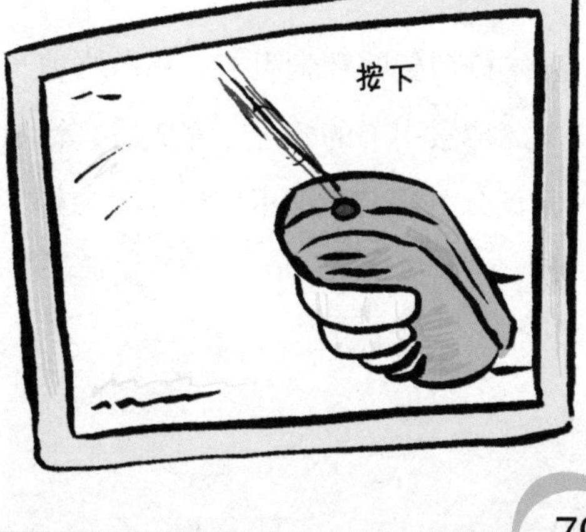

自己动手做

压力传感器

压力传感器是一种接触式传感器，它能被当作电阻器使用。所受压力越大，通过的电流越大。配有压力传感器的机械手臂能判别其对所握物体施加的握力大小。如果机器人脚底配有压力传感器，就能在脚接触地面时发出信号。

在这个实验中，当你按压压力传感器的时候，它的LED灯泡会开始闪烁。轻轻向下按动，灯泡会发出暗光并闪烁不停；用力向下按动，灯泡会稳定地发出明亮的光。

所需材料

- 一个带有两条引线的LED灯泡
- 一个3伏的磁盘电池（如纽扣电池）
- 铝箔
- 两张索引卡或其他薄纸片
- 胶棒（胶水）
- 剪刀
- 透明胶带或绝缘胶带
- 记号笔
- 纱线或粗线
- 凝胶
- 牙签
- 纸巾

1 将LED灯泡与电池相连以确保其工作正常。确保电池的正极连接较长引线。

2 取一块铝箔，其面积应大于两张索引卡的面积之和，将铝箔放在工作台上，发光面向下。用胶棒把每张索引卡的一面全部涂上胶，然后拿起索引卡，将索引卡牢固地粘在铝箔上。

3 修剪铝箔和索引卡，稍微修剪掉索引卡的棱边。完成后，铝箔的尺寸应与索引卡的尺寸完全相同。

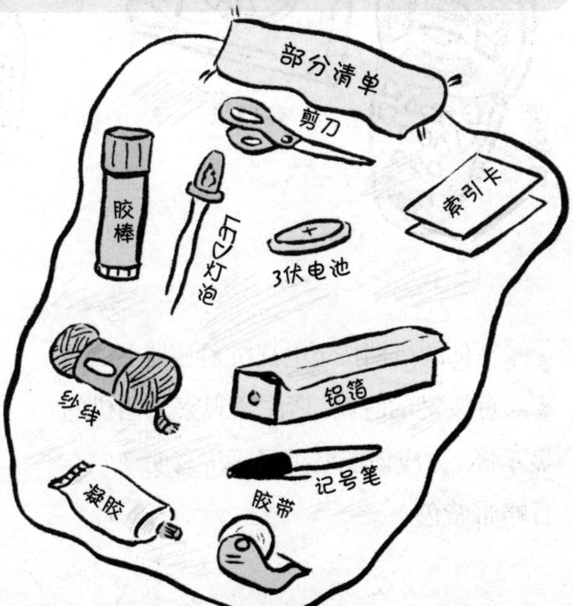

4 取出一张索引卡，将铝箔面向上放置在你的面前。取出LED灯泡，用胶带将较长的引线粘在箔面上使灯泡悬挂在索引卡边缘。另一根引线则悬在空中。取出电池将它放在索引卡中间，用记号笔在铝箔上标记出电池的位置，移走电池。在索引卡内侧周围径直画线。应绕过LED灯泡画线，线条与LED灯泡之间要留点空间。从索引卡中心向外画螺旋圈。

5 剪下一段长约30厘米的纱线。在所有的标志线上涂上一层胶。拿着纱线的一端，沿着胶水线放置。用牙签将纱线放在胶水上，必要时应剪断纱线。用纸巾清除线以外的胶水，让其自然晾干。

6 用牙签在事先用于标记电池的螺旋圈中心涂上一层胶。静置一会，待其风干。之后，将电池放在（正极向下）螺旋圈内部。取出另一张索引卡，铝箔面向下放置在第一张索引卡的上方，直到边缘重合为止。用胶带将LED灯泡另一条引线粘在上面的索引卡上，当你触碰LED灯泡时它应为关闭状态，如果发光的话，向下推动电池直到电池不会碰到上面的索引卡为止。

7 通过按压索引卡对压力传感器进行测试。LED灯泡应开始发光。尝试不同的按压位置以找到最佳按压点。一切检查无误后，用胶带将索引卡的边缘粘在一起。粘接时切勿挤压索引卡。

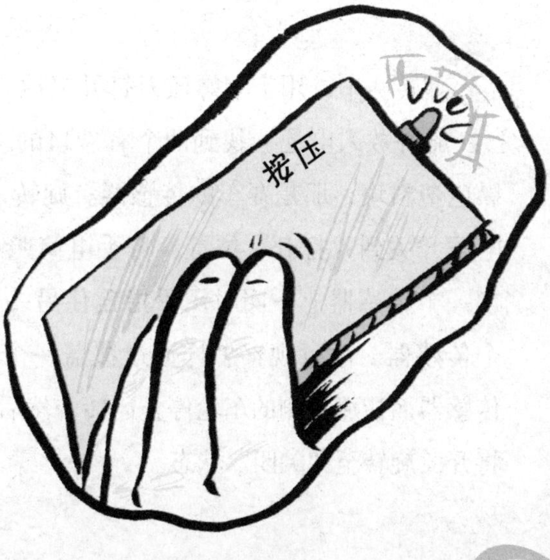

改装寻轨机器人小车

机器人专家擅长使一种传感器执行多种任务。寻轨机器人内部的光敏电阻传感器让它“看见”浅色地板上的黑线，寻光机器人内部的光敏电阻传感器则能引导它向光线最明亮的地方运动。

你可以通过改装涂鸦轨道赛车这种廉价的机器人来尝试以不同方式使用光敏电阻。涂鸦轨道赛车的工作原理与寻轨机器人的工作原理相同。在涂鸦轨道赛车底盘上装有两个光敏电阻传感器，配置在两侧。每个传感器都带动赛车后轮的电机。如果传感器检测到光线，就会指示电机运转起来；如果传感器没有检测到光线，则会指示电机停止运转。因此，如果轨线向右侧弯曲的话，它会从右传感器下端穿过并指示右侧后轮停止。因为左侧后轮仍然在推动赛车，这时赛车会向右侧旋转。由此赛车便被锁定在轨线上。

涂鸦轨道赛车非常酷，但是如果你有足够的胆量，并不介意拆卸它的话，你就有可能将它改装成寻轨机器人。

词汇点睛

寻轨：借助传感器检测和追踪地面轨道。

所需材料

- 涂鸦轨道赛车（可在玩具店或网店购买）
- 十字窄头螺丝刀
- 手电筒
- 两节7号电池
- 平头螺丝小刀
- 胶带
- 3伏磁盘电池（选用材料）

1 翻转赛车，用十字螺丝刀打开电池舱并放入电池。找到两个有裂口的黑色塑料块，那是赛车的传感器。旋转电源开关到“打开”位置，将手电筒照在一个传感器上，同时用手指盖住另一个传感器。注意观察怎样通过覆盖一个传感器而让那一侧的车轮停止运转，然后将开关旋转至“关闭”状态。

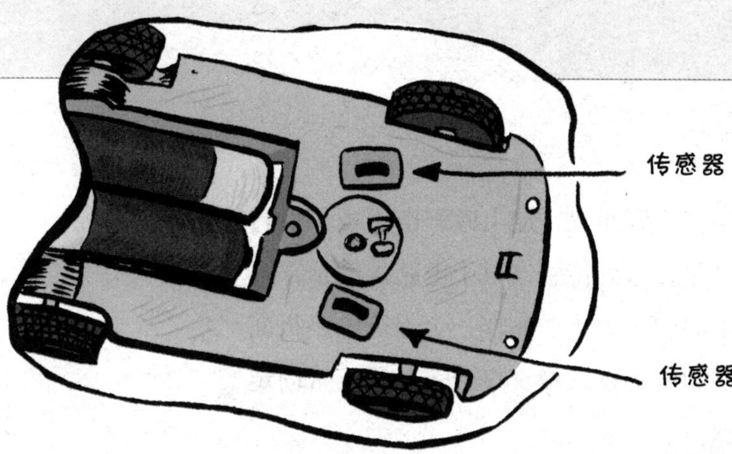

2 取下赛车底盘的4颗螺丝钉，将赛车车身卸下，你也可以卸下前轮。如果你想将涂鸦轨道赛车改装成寻轨机器人，你只需要用机器人样的机身替换原装赛车车身。务必要保证新车车身不会影响接线、车轮或传感器的安装。印制或绘制一条黑线，对新车进行测试。

3 要想将赛车改装成寻轨机器人，还需完成下一步，即改变电机位置。之后，当一侧的传感器检测到光线的时候，另一侧的轮子会一直不停旋转直到赛车转向光线为止。电机位于赛车的顶端和后轮的前方，且被黑色塑料罩住。用平头螺丝刀撬开固定车盖用的夹子。电机外形如小金属管。轻轻地卸下电机，注意不要损坏电线。交换两个电机的位置，电机被重新放置后，替换车身盖。测试新装置，现在一侧的传感器应该可以控制另一侧的车轮了。

4 将传感器移至赛车的顶部。小心地卸下3个将绿色电路板固定到赛车上的螺丝钉。翻转赛车，轻轻撬出旋转万向轮。一个小盖会从电路板的顶端蹦出。再次将赛车正面朝上放置。一定要非常小心，切勿损坏电线或破坏电路板。保持电线

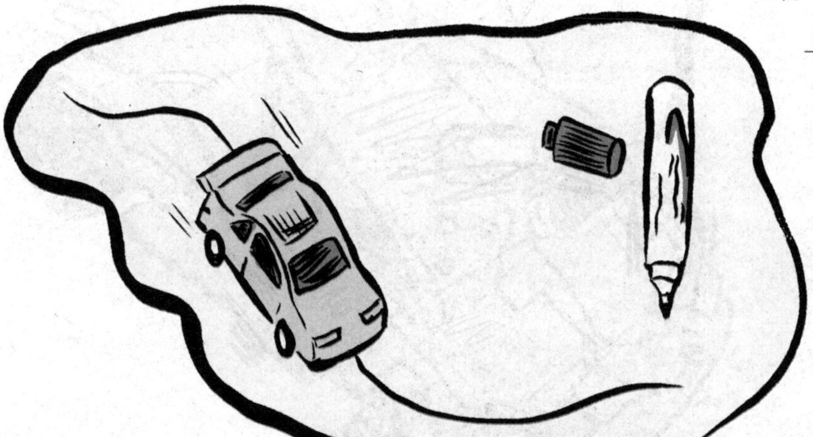

连接到赛车上，向上倾斜电路板。旋转电路板直到传感器位于电路板的顶部且正面向上为止。制作一个保持电路板向上倾斜的硬纸板支撑台，并用胶带固定到位。

5 最后一步就是在传感器之间放置一面小隔板，阻止一侧的传感器检测到来自另一侧的光线。你可以再剪下一小块硬纸板并用胶带将其固定在传感器的中间。尽管造型不佳，“裸骨寻光传感机器人”的制作总算是大功告成了。将它放在暗处进行测试，在机器人附近移动手电筒光束看它能否追随光线移动。

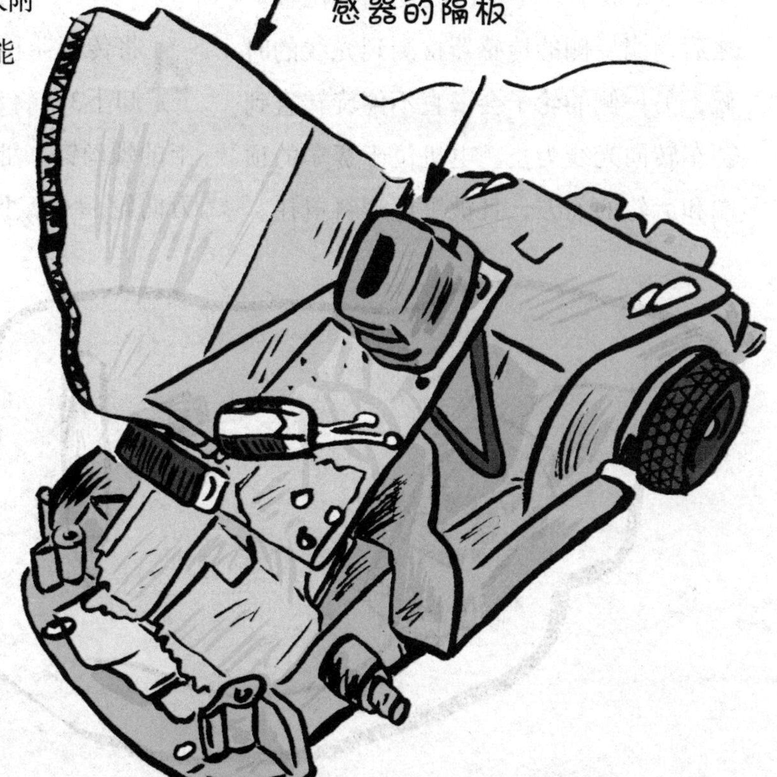

第六章

控制器：机器人如何思考

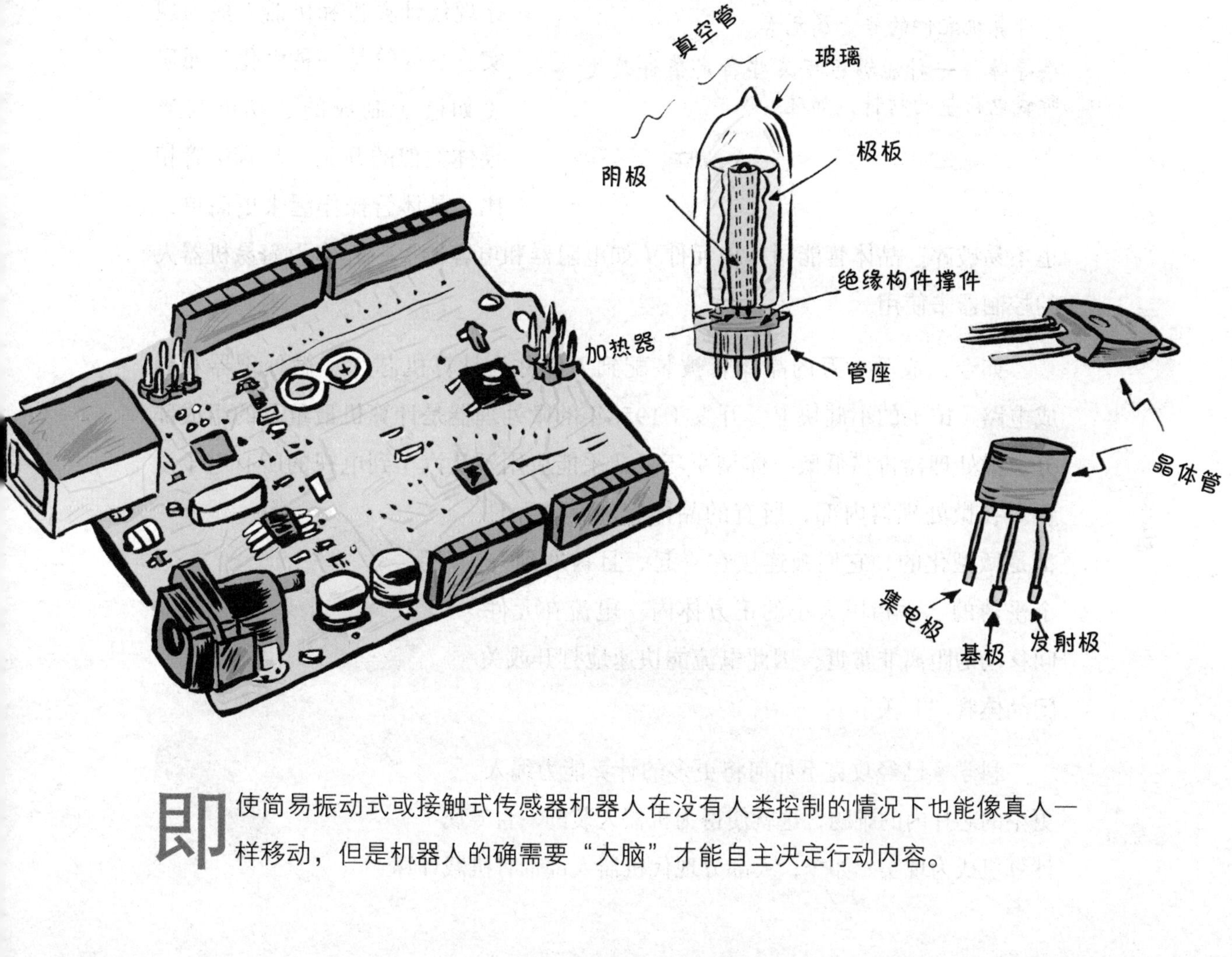

即使简易振动式或接触式传感器机器人在没有人类控制的情况下也能像真人一样移动，但是机器人的确需要“大脑”才能自主决定行动内容。

词汇点睛

真空管：外形似灯泡的、用作早期计算机和其他设备开关的电子元件。

晶体管：一种由固块材料制成的、用作电路开关的电子元件。

硅：一种存在于黏土和沙粒中的、用于制作计算机配件的非金属元素。

半导体：一种能够根据某些特定条件改变所载电荷量的材料，如硅。

早期机器人装配有**真空管**（一种看起来像是细长灯泡的电子开关）。配有真空管的计算机体型巨大，能占满整个房间，并且温度非常高。

1947年，**晶体管**的发明让现代计算机和机器人成为现实。晶体管是一种由化学元素（如**硅**）制成的、功能与**半导体**类似的开关。与真空管相比，晶体管操作起来更简单，也不易破碎。晶体管能同其他元件（如电阻器和电容器）一起作为简易机器人的控制器来使用。

如今，成千上万的晶体管被装配到人们称为计算机芯片、微处理器和集成电路（IC）的小硅块上。开发于1958年的微处理器是计算机最重要的组成部分。微处理器价格低廉、体型小巧，几乎能应用于从汽车到电视的所有电子设备。在微处理器内部，所有的晶体管和其他元件都是微型化的，它们被连接在一起，且被塞到一个平薄的、手指甲大小的正方体内。电流在元件间移动的距离非常近，因此电流能快速地打开或关闭晶体管“开关”。

科学家已经攻克下如何将更多的计算能力编入更小的芯片内的难题，这就使得为机器人装配一台专属计算机成为现实。如今，大部分现代机器人都带有机载计算

机，但是科学家和业余爱好者从未停止寻找能让机器人更智能、更灵敏的新型技术和让机器人更时髦的方法。

一些实验和业余模型可以配置标准**笔记本电脑**或平板电脑，而不是只为机器人设计和组装一台电脑。智能手机也能用作优质的机器人控制器。许多智能手机不仅仅具有基本的计算能力，还带有专属摄像机、麦克风、加速度计、GPS和其他传感器。

词汇点睛

笔记本电脑：一种小型的便携式电脑。

云计算：将计算机文件或程序存入因特网而非个人电脑。

一种最新的机器人控制创意是**云计算**。

将一些机器人现在进行的任务从自主控制转向依靠因特网控制，可减轻机器人的体重并提高能源效率。据卡内基梅隆大学的詹姆斯·库夫纳（James Kuffner）所言，将机器人连接至因特网能赋予机器人同步更新程序和搜寻信息的能力。也有其他科学家指出机器人仍然需要配置能像躲避障碍物一样地执行任务的专属机载控制器。

词汇点睛

存储器：计算机内部存储信息的配件。

对于想组建机器人的孩子或业余爱好者而言，微型控制器是最好的选择。微型控制器是简易微型电脑，可以比邮票还小，也可能跟扑克牌一般大。微型控制器由微处理器、输入/输出设备、**存储器**和其他配件组成。微型控制器能像普通计算机一样被编入程序，但是它有足够的、可容纳多项指令的内存。这样，人们就能借助微型控制器让机器人复杂化。

趣事儿

2008年，研究人员将由老鼠细胞培养而成的“活脑”植入机器人体内并教授这个“活脑”如何在物体周围开车。他们研发的“赛博格”就是用于探究大脑的学习方式以及记忆的形成原理的。

真空管乌龟机器人

乌龟机器人是用于探究机器人控制的简易小型机器人。它个头小，身材肥圆，外形似三角形，配有3个或4个轮子，在地面上慢慢滚动的样子很像一只乌龟。20世纪40年代，当计算机还是一项新型发明的时候，英国脑科学家威廉·格雷·沃尔特（William Grey Walter）用真空管制成了一些最早期的乌龟机器人，这些机器人是能利用光线和触摸传感器“勘探”周围环境的寻光机器人，沃尔特将它们命名为“乌龟”，是因为它们配有包裹内部电子设备的外壳。

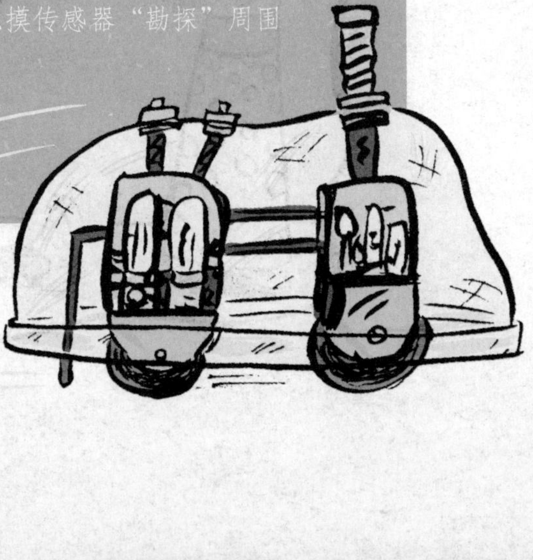

计算机是怎样工作的——二进制

计算机微处理器上的每个小型电子开关只有两项设置："打开"或"关闭"。打开开关，则有电流流入；关闭开关，则没有电流流入。编程的时候，你会打开或关闭某些开关，因为是计算机在处理这种选择，这种决策法因此被命名为**二进制**（binary system，字母"Bi"源于意为"二"的拉丁单词，例如自行车bicycle和双筒望远镜binocular）。从数学角度上讲，这两个选择可由数字0和1指代。如果关闭开关，开关被设置到0处；如果打开开关，开关则被设置到1处。对于计算机而言，程序看起来像是一个由0和1组成的长线。

计算机程序

计算机功能强大，令人难以置信。计算机非常擅长解决用数学方法表示的简单问题，例如比较数字大小，而且解决速度之快令人惊叹，它能在一秒钟内解决数以亿计的小问题，但是仅仅依靠计算机自身并不能让它们变得智能化，因为它们还需要人类帮助它们弄清接收小问题的方式以及怎样有效地将问题组合在一起。

词汇点睛

二进制：一种仅由0和1组成的、被计算机用于指示开关的打开或关闭状态的数学系统。

编码：计算机程序的别称。

因此，当计算机根据传感器的读数决定机器人下一步的行动时，计算机并不是真正地在"思考"，它只是在接收传感器给出的数字并将这些数字与其他数字进行比较。机器人似乎是在做决定，但事实上它们只是在执行人类编入机器内部的各项小步骤。执行步骤的说明就是计算机程序，也被称为计算机**编码**。编写计算机编码的人员，则被称为程序员。

能否将机器人的所有任务分解成简单的步骤是计算机程序编写的关键。遗漏其中任何一项步骤，计算机要么会卡死要么会出错。一种能将程序中的所有步骤完整记录下来的方法是在编程之初就制作一张流程图。这就像本书开头给出的“是一个机器人……还是不是一个机器人”一样的流程图，它是一个由完成任务所需的所有步骤的符号组成的图表。

词汇点睛

条件语句（如果·那么·否则语句）：程序中给予计算机两项选择的步骤，这取决于某项测试的答案是“是”还是“否”。

假如你想通过编程让机器人跟着光走，流程图就可能会包含一个内容为“前方有光吗？”的决策块，如果答案为“是”，程序会命令机器人继续前行；如果答案为“否”，程序则会命令机器人调转方向。在程序中，这可由内容为“如果前方有光，那么继续前行，否则调转方向”语句表示，这就是所谓的**条件语句**，其结果取决于某些条件是否成立——在这种情况下，上述举例即为“前方是否有光线？”这也被称为“如果·那么·否则语句”。

根据编程……
如果天气温暖，阳光灿烂……
那么我要买冰激凌。
ROBOT

条件语句是**布尔逻辑**的一个实例。因为计算机只能识别“打开”或“关闭”，所以每一项决策的答案必须简化为两种。逻辑便是一种将每项决策转化成只有两种答案的方法：“是”或“否”。这些答案会被解释成二进制代码：“打开”或“关闭”，1或0。计算机编程最常用的逻辑操作是“NOT”（条件不为真）、“AND”（有两个条件且两个条件都为真）以及“OR”（有两个条件且至少有一个为真）。

词汇点睛

布尔逻辑：一种以乔治·布尔（George Boole）命名的将计算机所做的决策转换成肯定或否定问题的方法。

子程序：被赋予一个名称的，仅仅通过插入该名字便能在程序中被多次使用的一小段代码。

即使是最复杂的计算机程序也能通过这3个逻辑操作及其变体进行编写。

程序员也有一些防止同一步骤被反复编写的捷径，**子程序**（指令的小系列）便是其中之一。在任何需要插入步骤的地方，程序员可以只写下子程序的名称而不用编入所有的指令。子程序的一个例子是命令机器人向前移动40个单位并随后闪动灯光5秒钟的“闪光程序”（Blink），如右所述：

闪光

前行40个单位

闪灯5秒钟

关灯

结束

循环能按照你预期的次数重复一项指令或一系列指令。例如，如果你想让机器人从一个装有不同颜色的果冻豆的碗内取出绿色的果冻豆，你可以编写右边循环：

当
碗内的果冻豆的数量为1或以上
取出1粒果冻豆
如果
果冻豆是绿色的
那么将它放入右边的杯子内
否则，将它放入左边的杯子内
结束如果
结束当

在这个例子中，“当”指令告知计算机如何判别结束的时间。只要碗内还有1粒果冻豆，计算机就会不断返回到循环起点，再次重复相同的动作；当果冻豆的数量减至0的时候，循环终止。

词汇点睛

循环：按一定的次数运行，被重复操作的一小段代码，直到某一特定条件满足为止。

计算机语言

对人类而言，与他人交谈是件自然的事情，但是计算机是以二进制代码的方式思维，难以理解人类的语言。于是我们选用一种特殊的计算机语言来和机器人“大脑”交流。事实上，计算机语言种类繁多，程序员在工作中会选用最恰当的语言。现在一些常用的计算机语言包括C++、Java以及Python。程序员可以使用这些计算机语言来做任何事情，从构建网站到制作动画，一直到编写视频游戏，当然，也可用来为机器人编写程序。

1 int main()
2 {
3 cout<< "Hello World!";
4 return 0;
5 }
你在说话！

也有一些专门为学生和初学者设计的简单程序。培基（BASIC代表“初学者的全方位符式指令代码”）是许多老年人学习的第一个计算机语言。代码与英语类似，因此与更高级的计算机语言相比，培基更容易识记。还有许多专为儿童设计的计算机语言。一些语言用到的指令非常简单，其他一些则是**图解计算机语言**。

图形语言采用图像符号而非文字。你只需要拖曳电脑屏幕上的符号即可。符号像拼图一样相互拼合在一起，因此你可以判定它们的顺序是否正确。Logo语言是最早期的儿童专用计算机语言之一。Logo语言由麻省理工学院的数学家西摩尔·派普特（Seymour Papert）于1967年创立。

早期版本的乐高头脑风暴机器人发明系统就是采用Logo语言编写成的。较新版本的头脑风暴则采用一个名为实验室虚拟仪器工程平台（LabView）的更为先进的程序。

词汇点睛

图解计算机语言：使用者通过在计算机屏幕上移动小图纸或图像的方式编写程序的编程语言。

故障：这里指计算机程序的错误。

排除故障：检查计算机程序以寻找和修正任何代码错误。

趣事儿

如果计算机程序运行出错，程序很可能出现了**故障**。故障即代码错误。在以前，真空管能像灯泡一样照亮计算机的内部。灯光会吸引飞蛾，因此，科学家时不时需要拆卸计算机为计算机**排除故障**，但是他们不是修正代码错误，而是清理飞虫的尸体。

怎样用Logo语言编写程序？

如今，计算机语言Logo可用于编写屏幕上的虚拟海龟和真实机器人，它能通过发出简单指令移动计算机屏幕上的虚拟海龟。海龟是一个光标，它能一边移动一边绘制一条可用于创意设计的直线。这些指令会告知海龟是向前移动还是向后移动以及移动的距离。海龟移动的空格数量按**像素**来计算。你也能告知海龟是向右转弯还是向左转弯。海龟的转弯程度按度数来计算。一个圆圈被分成360度。旋转圆圈的四分之一，就等于旋转了90度；旋转二分之一直到指向相反方向为止，就等于旋转了180度。你只需编写一些指令，就能让虚拟海龟移动到计算机屏幕上的任何位置。

> **词汇点睛**
>
> **像素**：数字图像的小单元。

下面是一些基本的Logo指令。字母“x”为海龟移动的空间量，字母“y”为它旋转的度数，“抬笔”可命令正在移动中的海龟机器人停止作画，“落笔”则命令海龟机器人再次作画。

指令	含义
FD x	前进x像素
BK x	后退x像素
RT y	右转y度
LT y	左转y度
PU	抬笔
PD	落笔
REPEAT N[XX x YY y]	重复括号内的指令（即为用LOGO语言编写循环的方法），指令数量和顺序可自定。
	N=循环重复的数量
	XX=移动指令（FD或BK）
	YY=旋转指令（RT或LT）

自己动手做

编写"笔和纸LOGO程序"（1）

计算机程序员通常会先编写程序然后在电脑上对程序进行测试，但是你无需在计算机上对Logo程序进行测试！试着把自己想象成一台服从程序指令的海龟机器人，你将在方格纸上而不是在电脑屏幕上绘图。如果你想用电脑编写程序的话，可下载一个Logo副本，之后，将完整的程序输入电脑并检查其运行情况（本章后附有链接）。

1 将方格纸侧向放置直到其宽度大于其高度时为止。图纸上的每个方格将被视为10个像素。接着让方格纸的尺寸与电脑屏幕的尺寸等同。

2 把铅笔放在从上往下数第10个方格、左数第5个方格内。在起点处做上记号。开始前一定要保证海龟指向上方。因为通常在屏幕上Logo海龟外形如三角形，因此可用一个指向上方的小三角形来做标记以提醒海龟的移动方向。

3 把铅笔当作Logo海龟用以执行指令。你可以让你的搭档帮你读出指令的内容。

4 要想绘制正方形，你需要命令海龟绘制4条直线，并在每个拐角处转弯。

FD60 RT90，FD60 RT90
FD60 RT90，FD60 RT90

编写绘制此程序的一条捷径是循环：
REPEAT4[FD60 RT90]

尝试运行任意一种程序，看看海龟是怎样通过执行程序指令来绘制正方形的。

你需要

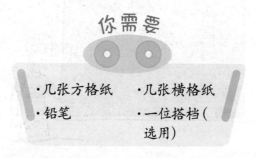

- 几张方格纸
- 几张横格纸
- 铅笔
- 一位搭档（选用）

自己动手做

编写"笔和纸LOGO程序"（2）

既然你已经知道怎样用铅笔和纸张模拟海龟机器人，何不尝试编写并运行子程序呢？在Logo语言中，子程序被命名为"过程"。不管怎样命名，目的都是让这个简短程序能得到反复运用。将子程序的名字输入Logo程序后，会立即执行子程序内所有指令。本环节中的子程序仍然会绘制一个正方形，但是这个正方形也能用作组成单词的简单字母"O"。

你需要

- 几张方格纸
- 几张横格纸
- 铅笔
- 一位搭档（选用）

1 第一步是为子程序命名——此处被命名为"鸵鸟"（ostrich）。接着告知Logo用以下"TO"指令执行"鸵鸟子程序"：

```
TO ostrich
REPEAT 4 [FD 60 RT 90]
RT 90
FD 60
END
```

注意指令末尾的"结束"，遗漏"结束"代码会招致一系列的问题，因此编程时切勿忘记加上"结束"！

2 在方格纸上的一块空白地方像上一个环节一样用铅笔画一个指向上方的小三角形用以标注起点。运行"鸵鸟"子程序，检查最终能否画出一个字母"O"。

3 用绘制字母"R"的子程序"犀牛"（rhino）和绘制字母"D"的子程序"鹿"（deer）来练习使用Logo语言。

TO rhino	TO deer
FD 60	FD 60
RT 90	RT 90
FD 30	FD 30
RT 90	RT 90
FD 30	FD 60
RT 90	RT 90
FD 30	FD 30
BK 40	RT 180
LT 90	FD 30
FD 30	END
LT 90	
END	

4 掌握编写窍门后你可以尝试编写一个在单词的两个相邻字母间留出一个空格的子程序。记住“PU”的意思是“停止绘图向前移动”，“PO”的意思是“落笔”。子程序需包含如下步骤：

- 准备移动，不停止绘图
- 前移30个像素
- 让海龟指向上方（以便让海龟为字母的下一个单词做准备）
- 准备开始绘图

这个程序应该被命名为“蛇”（snake）（如遇到麻烦，可参阅本书第99页内容）。

5 接着，运用你已经学习的字母和空格的子程序，尝试编写一个利用字母和空格拼写单词的程序。例如，你可以编写一个名为“棒”（rod）的子程序：

TO rod
rhino
ostrich
deer
END

如果你愿意的话，可以尝试编写一个让海龟在一条直线上写出多个单词并且可用“蛇”子程序将单词分隔开来的子程序。例如，你可以编写一个名为“短语”（Phrase），运用每个单词的子程序拼出词组“门或棒”（door or rod）的子程序。编写完成后，在方格纸或Logo程序中对你的程序进行测试，看看程序能否运行。

自己动手做

编写“笔和纸LOGO程序”（3）

子程序能帮助我们用Logo语言编写一个可完整写出一句话的铅笔/海龟程序！通常，任一门计算机语言的学习者首先学习的是一个能写出“你好世界（Hello World）”词组的程序。尽管大多数的语言都包含一个“你好世界（Hello World）”程序，我们也能用Logo语言写出这句话。这并不是一件难事，只是需要花一些时间来练习。你已经学会怎样编写能绘制字母“O”的子程序，还会在字母间留出空格。现在你还需要编写能绘制剩余字母的子程序。下文将为你介绍具体的方法。

你需要

- 几张方格纸
- 铅笔
- 几张横格纸
- 一位搭档（选用）

1 “你好世界”里的所有字母都由便于用Logo语言编写的简单形状组成（参见图解）。下为所有所需子程序的名称：

河马（hippo）=H
大象（elephant）=E
狮子（lion）=L
鸵鸟（ostrich）=O
疣猪（warthog）=W
犀牛（rhino）=R
鹿（deer）=D
蛇（snake）=
字母间隔（30个像素）
蜘蛛（spider）=
单词间隔（60个像素）

2 为所有字母编写子程序（已经为你介绍了字母“O”、“R”和“D”的拼写子程序）。在开始下一步之前请对这些子程序进行测试。

3 你可以编写一个名为“你好”的能通过单词和空格子程序拼出词组“你好世界”的子程序。编写完成后，在方格纸上对你的程序进行测试。如果空间不够的话，可在纸上另附一张纸，保证所有的空格排列成行。（如有疑问可参阅接下来两页的内容）

4 附加分：你能否想出怎样用子程序绘制一个感叹号？如果能的话，可

在末尾添上感叹号!

Logo编程答案:

TO hello	TO snake	TO spider
hippo	PU	PU
snake	FD 30	FD 60
elephant	PD	PD
snake	LT 90	LT 90
REPEAT 2 [lion snake]	END	END
ostrich		
spider		
warthog		
snake		
ostrich		
snake		
rhino		
snake		
lion		
snake		
deer		
snake		
END		

TO hippo	TO elephant	TO lion	TO ostrich	TO warthog	TO rhino	TO deer
FD 60	FD 60	FD 60	REPEAT 4 [FD 60 RT 90]	FD 60	FD 60	FD 60
BK 30	RT 90	BK 60	RT 90	BK 60	RT 90	RT 90
RT 90	FD 60	RT 90	FD 60	RT 90	FD 30	FD 30
FD 60	RT 90	FD 60	END	FD 30	RT 90	RT 90
LT 90	PU	END		LT 90	FD 30	FD 60
FD 30	FD 30			FD 60	RT 90	RT 90
BK 60	RT 90			BK 60	FD 30	FD 30
RT 90	PD			RT 90	BK 40	RT 180
END	FD 60			FD 30	LT 90	FD 30
	LT 90			LT 90	FD 30	END
	FD 30			FD 60	LT 90	
	LT 90			BK 60	END	
	FD 60			RT 90		
	END			END		

试一试

二进制珠串首饰

只利用两种颜色的珠子就能用二进制代码编写一条消息。因为计算机只能检测0和1两个数字，人们便发明了一套可将字母和数字转译成二元形式的代码ASCⅡ（美国信息交换标准代码）。计算机能读取8位元组（称为**字节**）的每个0或1（也称为“二进制位”或“**位**”），因此每个ASCⅡ代码由8个数位组成。

把8个珠子滑动到回形针上，每个珠子都将被用作一个二进制珠形字母。任选两种颜色指代0和1，再决定编写内容。制作一个手链需要准备8个回形针，制作项链则需要更多的回形针!

所需材料

- 铅笔和纸
- 中号双色珠子
- 纸板
- 至少8个回形针
- 粘胶

词汇点睛

字节：一组被视为单独信息的八位二进制数。

位：由1或0组成的基本信息存储单位。

ASCⅡ字符

字母	二进制代码
A	01000001
B	01000010
C	01000011
D	01000100
E	01000101
F	01000110
G	01000111
H	01001000
I	01001001
J	01001010
K	01001011
L	01001100
M	01001101
N	01001110
O	01001111
P	01010000
Q	01010001
R	01010010
S	01010011
T	01010100
U	01010101
V	01010110
W	01010111
X	01011000
Y	01011001
Z	01011010
SPACE	00100000

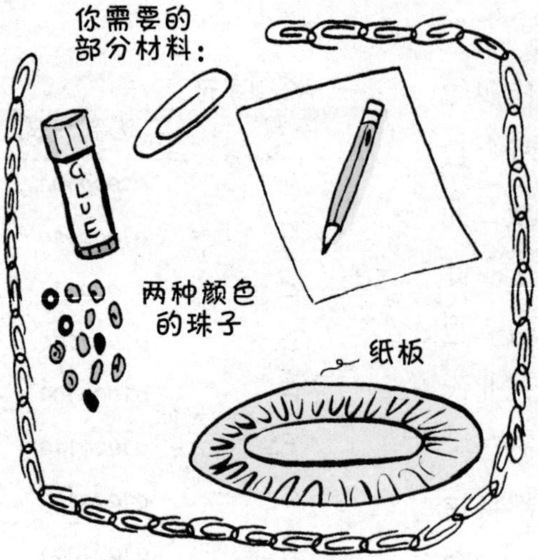

1 想出一条与手链或项链相配的信息。在一张纸上画两栏。在第一栏中写下你的信息，将每个字母放在对应的横排内；在第二栏中，参考上表写下每个字母的ASCⅡ二进制代码。（在网上搜索ASCⅡ字符表即可查阅数字和其他符号的二进制代码）如果你想写下单词“机器人（ROBOT）”，将如下所示：

R	01010010
O	01001111
B	01000010
O	01001111
T	01010100

2 挑出一种颜色的珠子指代“0”，另一个颜色的珠子则指代“1”。将每个颜色的珠子放在纸板上。取出第一个回形针并轻轻地掰开针尾。将珠子穿进回形针的针尾，须参考写下的代码。例如，对于字母“R”而言，如果你使用“白色代表0，黑色代表1”的话，你应该按照下列顺序串连珠子：白色，黑色，白色，黑色，白色，白色，黑色，白色。在第一个和最后一个珠子上滴入少许胶水将珠子固定在回形针上。把回形针放在你的面前以便从左到右地读取二进制代码

字母。

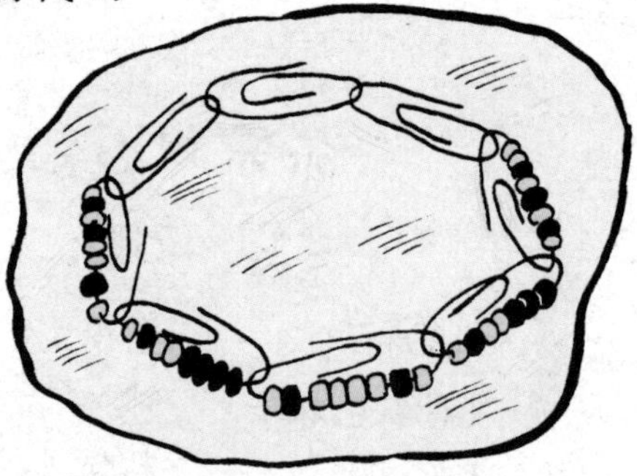

词汇点睛

开放源码：一种设计可被公众免费使用、复制或修改的计算机程序。

下载：从互联网上将计算机文件复制到个人电脑上。

3 用相同的方式处理下一个回形针字母，接着，按照上述方位放置回形针，把第二个回形针挂在第一个回形针上。以此类推。最后只需把最后一个回形针挂在第一个回形针上便可大功告成。

我可以制作一个带有你名字的手链。
ROBOT

用电脑编写机器人程序

在网上你能找到许多可供儿童免费使用的**开放源码**计算机语言。其中有一些可在线使用，另外一些则必须**下载**到电脑上后方能使用。下为可用于编写机器人程序的材料，还附有有用的辅导网站。

- Logo（有许多变体——下为适合儿童的Logo版本）
  - http：//www.mathsnet.net/Logo/turtleLogo/index.html
  - http：//fmslogo.sourceforge.net/
  - http：//el.media.mit.edu/logo-foundation
- 魔爪（可与适合7～12周岁的乐高“自己动手做（WeDo）”教育机器人套件一同使用）
  - http：//scratch.mit.edu/
  - http：//wiki.scratch.mit.edu/wiki/LEGO_Education_WeDo_Robotics_Kit
- RoboMind（一台简单易学、生动有趣且配有精美图像的虚拟计算机）
  - http：//www.robomind.net/en/index.html

第七章 人工智能(AI)、社交机器人及机器人学的未来

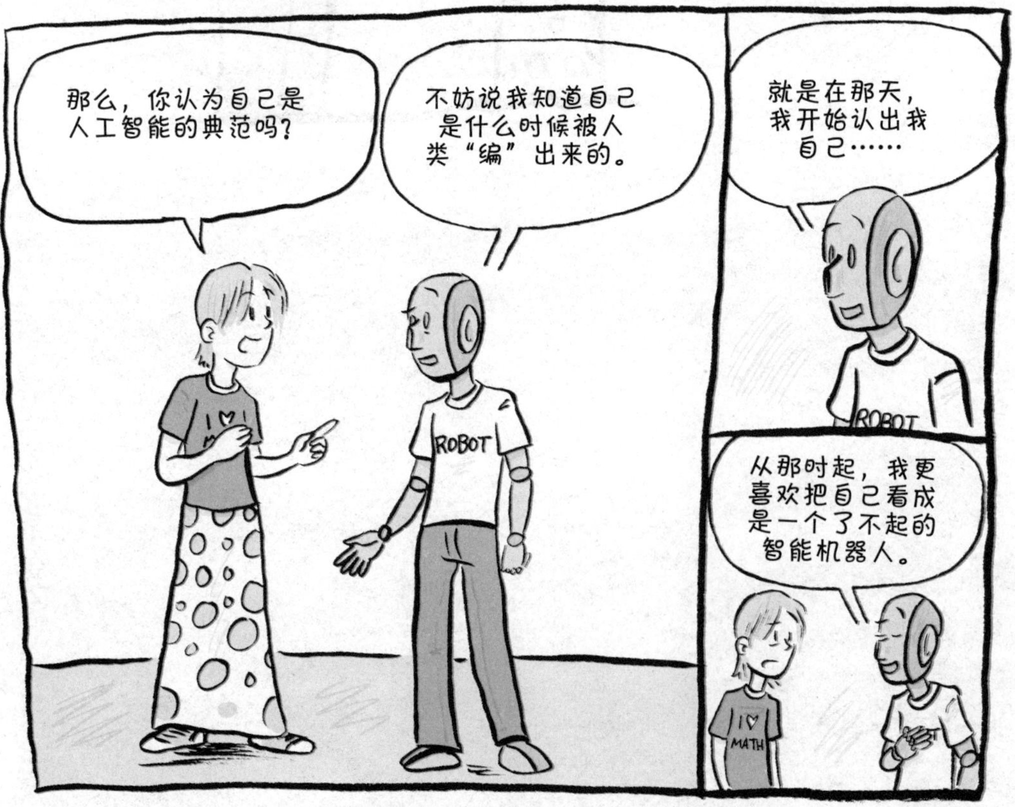

为机器人编写程序供其“思考”是一回事，而赋予它们与人类一样的思维能力又是另外一回事。自机器人被发明的那天起，这便成了科学家长久以来苦苦追寻的目标。虽与目标相隔甚远，科学家也在不断向它靠近。

毫无疑问，即使与最伟大的数学高手相比，机器人解决数学问题的速度和准确度还是要技高一筹，但是计算机的决策能力和在新环境下处理问题的能力与人类相比实在是相形见绌。人工智能（AI）的核心就是探究让机器人大脑更加智能化的方法，以达到不必让人类给出行动指令的目的。

经科学家尝试过的一种方法就是编写让机器人具有人类行为的程序，即便机器人不具有人类思维能力。1996年，麻省理工学院约瑟夫·魏泽堡设计了一款像人类辅导员一样的计算机程序——“伊莉扎”。在键盘上输入一句话并读取计算机屏幕上的回复便能同伊莉扎“交谈”。

词汇点睛

聊天机器人：一种能同人类进行自然语音对话的人工智能程序或机器人。

每次交谈以“你好，我是伊莉扎”开始。待你输入一句话后，它会用一个相关的句子来回复你，如“能多告诉我一些信息吗”。尽管是一个非常简单的程序，伊莉扎能通过图灵测试。人们同它交谈时也似乎把它当成一个真正的人。如今，它们被命名为“**聊天机器人**”。当你给一个公司或学校打电话的时候，如果听到一个计算机声音在为你服务的话，对方实际就是一台聊天机器人。

怎样辨别你是人类？

你是否曾经访问过一个让你在网上输入一系列怪异字母的方式完成注册的网站？如果有的话，你就是在参加一个CAPTCHA测试。这款由卡内基梅隆大学研发的测试的全称是“自动区分计算机和人类的图灵测试”。CAPTCHA测试上的字母极度扭曲，所以计算机不能将其识别出来。这是一个逆向图灵测试，其目的就是要确定你不是一个机器人。

在比赛中与计算机对阵是另一种测试机器人智商的方法。1989年，国际象棋世界冠军加里·卡斯帕罗夫在两场比赛中与名为“沉思”的IBM电脑对弈，两场比赛“沉思”都惨败于卡斯帕罗夫。但是1997年，升级版“深蓝”又与卡斯帕罗夫对垒并最终击败了他!

事实证明，象棋是计算机较易学会的游戏。它们只用记住每一种可能的走棋方法，然后分析所有的可能性并找到最有效的制胜方法。这类推算，现代计算机眨眼间即可完成。

教授计算机玩诸如“危险边缘”（Jeopardy）一类的视频游戏真是难上加难。

2011年，许多人都在观看名为“沃森”（Watson）的IBM电脑击败两名世界顶尖级人类选手的赛事。“危险边缘”是一款在系统提出一个问题后玩家必须立刻给出与之对应的答案的游戏。玩家们需有广阔的知识面才能获胜，但是研究员大卫·费鲁奇（David Ferrucci）和他的研发团队不仅仅要让沃森的存储体盛满信息，还要教它怎么理解通常以棘手的措辞和笑话的形式存在的线索。

最著名的“危险边缘”冠军肯·詹宁斯（Ken Jennings）也像其他选手一样不幸惨败于沃森。在决赛中，当詹宁斯不知答案的时候，他写下一句话“我第一个欢迎我们的电脑新霸主”并以此来向沃森的能力致敬。

沃森决战胜利的一个秘诀就是随着比赛的进行它的状态越来越好。它能通过观察其他选手来学习知识。设计一款能“学习如何学习”的程序是人工智能研究人员的另一个目标。“西蒙”（Simon）是一款由乔治亚理工学院的机器人专家安德里亚·托马兹在2009年成功研发的仿真机器人，它通过观察并模仿人类行为的方式来学习。例如，西蒙在观看人们将玩具整理到不同的箱内后能弄清人们是通过颜色还是通过形状将玩具进行分类的，之后它还会自行整理玩具。西蒙也能提出问题并让人为其解答。外形上，它有一个白色塑料娃娃脸和一双发光的椭圆形耳朵，可爱的外表会诱使人们帮助它学习。

词汇点睛

App：“application”（应用程序）的缩写，是在手机、平板电脑或其他电脑设备上运行的程序。

社交机器人

一些科学家已经不满足于仅仅设计出具有人类思维能力的机器人了。他们希望开发有着人类性格的机器人。社交机器人温和友善、惹人喜爱。许多研究人员相信人们比较容易和具有情感表达能力的机器人一起共事。

趣事儿

“斯里”（SIRI）这款手机APP（应用软件），是一个具有学习能力的聊天机器人。它能回应口头问题和指令，能大声读出短信的内容、拨打电话、预订机票或网购，还能进行天气播报或是搜寻商铺和地址。使用次数越多，与你相关的信息便搜集得越多。这些信息能帮助它判定你的喜好和你试图寻求什么样的建议。

麻省理工学院媒体实验室个人机器人小组的成员辛西娅·布雷齐尔（Cynthia Breazeal）发明了基斯梅特（Kismet）机器人。它有一双牛耳朵、两片胶状双唇和一对巨型眼睛。在和基斯梅特交谈的时候，它能根据对方的语调不断变换面部表情，一会儿满脸喜悦，一会儿面带悲伤，一会儿又惊讶万分。布雷实验室研发的其他社交机器人还有一个由好莱坞特效专家斯坦·温斯顿（Stan Winston）设计的有着毛茸茸面部的机器人列奥纳多（Leonardo）。

2008年研发的尼西（Nexi）机器人有一个类似两轮平衡车的可滚动身体和一双仿人型的机器人手。尼西能耸肩以示困惑，能扬眉以表惊讶。2009年，布雷齐尔在马萨诸塞州波士顿科学博物馆的机器人展览会上展示了尼西机器人，以此来研究参观者与社交机器人之间的交流。

社交机器人的一个用处就是陪伴老人和儿童。

圣路易斯大学的研究人员发现名为“爱宝”（Aibo）的机器狗竟能像真狗一样取悦人类。试验中，一个名为“丝巴基”（Sparky）的机器狗拜访了一所养老院的老人。其他人则和爱宝一块玩耍，它们的外形如玩具，能接球、摆尾和打滚。

爱宝的体内配置有照相机和测距传感器，因而能对周围的人群和物体作出反应。由于爱宝的编程非常贴近真实生活，有时它还会违抗命令呢！

据科学家所言，对于不擅长照料活体动物的人来说，机器人能成为很好的宠物。

还有一款专为养老院的老人设计的机器宠物小海豹“帕罗”（Paro），它是由日本工程师柴田崇德（Takanori Shibata）研发的

感到焦虑的时候，这款毛茸茸的机器人能帮助他松。帕罗体内配置的触摸、光敏、声音和温度传感器能告知帕罗被人拥抱的方式。它认识一些单词，能像海豹宝宝一样发出声音。经过编程，在被赞美和拥抱后，它能高兴地予以回应。崇德坦言之所以选择将这款机器人制成海豹的样子是因为人们大多没有如此近距离地观看海豹的经历。他相信与机器狗和猫相比，患者更易接受一只机器海豹。

2004年，科学家开始在一个学前班里对一个机器人“露比”（Rubi）进行测试。机器人专家贾维尔·莫勒兰（Javier Movellan）之所以设计这款和蔼可亲的教师机器人是因为他之前制作的机器人的外形吓到了托儿所的孩子们。露比的外形是一台有头部 和臂膀，身穿衣服的电视机。它借助腹部的触摸屏与儿童交流。虽然它深得孩子们喜爱，但露比也遇上了一个麻烦。

上课第一天，两个男孩就扯断了露比的手臂，这使得设计者不得不再次编写程序。

一旦孩子们的动作过于粗暴的话，露比就会哭泣。经过一段时间的测试，结果表明露比能帮助孩子们学习新单词——科学家们正尝试利用社交机器人治疗在同他人玩耍和交谈方面有困难的自闭症儿童。机器人专家小岛秀树（Hideki Kozima）和马雷科·麦克洛夫维奇（Marek Michalowski）研发了一个微型跳舞机器人“坚持”（Keepon），它能用欢快的舞步吸引自闭症儿童的注意力。它体型小巧，可放在书桌上，外形是一个黄色小雪人。眼睛和鼻子只由黑点构成，同时它能用点头、转身、倾斜和上下跳动表达开心和悲伤的情绪。

老兄，我来帮忙！
走那边。
请帮我穿过公园。

2007年，由“坚持”表演的音乐视频在网上迅速蹿红，它的粉丝遍及世界各地。2011年，科学家推出了该机器人的玩具版本“我的坚持”（My Keepon）。与原始版本一样，“我的坚持”能借助麦克风紧跟音乐的节拍，还能借助软式橡胶皮肤下的触摸式传感器对四周的戳刺、轻拍、推挤做出反应。

让人类更友善的机器人

2008年，纽约艺术家卡西·金泽尔（Kacie Kinzer）制作了一个可爱的硬纸板“机器人”——“笑脸机器人”（Tweenbot），金泽尔把它随意放在城市公园里来观察来往的人会对它作出怎样的反应。笑脸机器人只能在一条直线上向前滚动，在它的身体上绑着一个请求人们帮助自己前往公园另一端的指示牌。有许多人停下脚步施以援手，或帮它扶正方位，或当它卡住时把它救出来。还有一名骑自行车的路人载它穿过公园。一些人甚至走上前为它指路——即使它只是一个配有电动机和脸部画有笑脸的硬纸箱。金泽尔说当人们看到“笑脸机器人”的笑脸后会不由自主地嘴角上扬。她认为她的社交机器人能让人们变得更加“人性化”。

出售“我的坚持”机器人的所得将投入多机器人研究项目，以帮助患有自闭症的儿童早日恢复健康。

机器人 VS 人类

将机器人视为宠物和伴侣合适吗？这就是机器人科学家谢丽·特克尔（Sherry Turkle）希望人们好好思考的问题。特克尔研究科技如何影响人们的生活。她认为，让机器人代替人类从事枯燥的琐事是大有裨益的，但是，她对让机器人照看婴儿、老年人或残疾人的道德性表示质疑。

社交机器人是温和友善的，但却只能执行人类编写的程序。有些孩子不喜欢损坏了的机器人，特克尔也将这些孩子作为研究对象。

你认为程序出错的机器人伴侣会伤害人们的感情吗？随着机器人越来越多地走进我们的生活，这些问题可能会变得越来越重要。

长久以来人们都在讨论机器人对人类是有益的还是有害的。《我，机器人》的作者艾萨克·阿西莫夫提出了“机器人三定律”。规定这些定律的目的是确保机器人不会对人类造成伤害。

第一定律：机器人不得伤害人类，也不得见人类受到伤害而袖手旁观。

第二定律：机器人应服从人的一切命令，但不得违反第一定律。

第三定律：机器人应保护自身的安全，但不得违反第一、第二定律。

随后又进一步提出第四条定律：机器人不得伤害人类整体，或坐视人类整体受到伤害而袖手旁观。但事实证明，现实生活中，违反阿西莫夫定律的现象随处可见，很多时候机器人被人们用来打仗或发动恐怖袭击。

人类有必要担心机器人吗？

在《终结者》这类电影中，机器人会反抗人类创造者，并企图征服世界。现实中，这种征服似乎是不可能实现的。科学家要创造出能完全独立自主运转的机器人还有很长的一段路要走。大部分机器人的设计目的是帮助人类而不是伤害人类。机器人专家丹尼尔·威尔逊（Daniel H. Wilson）——《应对机器人叛乱的生存贴士》一书的作者有些话要对孩子们讲：“对机器人没有什么好恐惧的——它们能成为我们的强大工具和好友，但是，万一你遇到一个怒目圆睁的机器人，千万要避开它的钳子！”

那么何不发明一个机器人呢？

构建机器人并对它进行编程是孩子们的一大爱好，而且孩子们也能从中获益。孩子们可以利用乐高头脑风暴积木来发明所有的精彩项目：比如在美国的一所小学，有一年，孩子们发明了一个模拟机器人月球探测任务的壁橱月球风景图；他们用碎砾石和灌浇混凝土制成高低不平的月球表面，还设计了一个从天花板降下的着陆器。为了让整个项目更贴近现实，他们还架设了一个视频来监控机器人的行为。虽然视频有几秒钟的延迟，但这延迟时间刚好是信号从月球传送至

地球所需的时间。另一个班级则组织了一个机器人厨师大赛，所有的参赛者必须收集食材并做出一顿营养均衡的饭。

机器人能启发孩子学习以前从未尝试过的新鲜事物。

“痴迷机器人的女孩”埃林·肯尼迪建议孩子们没必要担心学习机器人学有多困难。“刚开始学习的时候，不需要了解所有具体领域，这个时期也是学习机器人学的绝佳阶段。”她说，“随着对机器人学的学习逐渐深入，我们就能掌握解决问题的技能，并克服各种难题，而最难的技能要属耐心和永不放弃的精神。”

自己动手做

设计社交机器人

“笑脸机器人”是一个艺术项目而非科学实验，但是许多科学家坚信，研究人们如何应对机器人的最佳途径是“野外实验”，即在日常情境中观察人们对机器人所做的反应。在实验室，科学家能控制现场状况，但是现实环境中，一切皆有可能发生。机器人可能会被忽略，也可能被损坏，就像学龄前儿童扯坏露比的手臂一样。又或者人们会以出乎意料的方式同机器人玩耍和交谈。这些观察将有助于机器人专家设计更友善、更有价值的机器人。你能设计一个个性化的笑脸机器人，并用它来探测正常情况下人们同机器人的交流方式吗？如果你希望人们去做某件事情，你可以提出如何利用机器人鼓励人们那样做的相关假设。随后通过采集数据来检验假设的正确性（在这种情况下，“数据”指的是可以进行比较的测量值和事实，例如擦身而过的人数，与跟这种情况相反的是停下脚步同机器人交流的人数）。你可以通过观察人们在机器人周围的行为来收集数据。做笔记、拍照、摄像都能帮助你记录所见所闻，或者是在随后进行的面对面采访或书面调查

我在想，到那时，人们会不会给他们的妈妈打电话呢？

词汇点睛

假设：关于某事发生及作用的方式或（和）原因相关的、可通过实验加以检验其正确性的猜想。

中询问人们的所想所感。最后，分析数据并决定**假设**正确与否。

你能构建一个插有寻求帮助的标识牌的简易机器人，例如“笑脸机器人”吗？它的早期版本甚至不能移动，只能在架子或墙上坐等路人的帮助，但你可以构建一个更加复杂的机器人，比如检验机器人回收桶能否在人们将饮料瓶放入桶内后通过闪灯或播放音乐的方式鼓励人们的这一行为。

社交机器人实验可能会成为科学展览会上的优秀参展项目。或许你的设计能帮助科学家发明更优质的社交机器人呢！一切皆有可能哦！

好主意！
MOM
给你的妈妈打电话吧，她会喜欢的。

如何起步？

如果本书中的简易机器人项目让人跃跃欲试的话，你算是交上好运啦，有很多学习机器人学的方法供你选择。打探你的学校或社区内有没有机器人学习小组。许多大学会在夏季和周末为孩子们开放机器人营地和车间。当然喽，购买机器人套件和查阅书本上和网上的DIY项目，你就能随时动手设计机器人了。接下来为你介绍一些套件和机器人设计竞赛。在本书后面你也能发现更多供初学者学习的机器人资源。尽情享受机器人创意设计吧！

- 乐高头脑风暴，http：//mindstorms.lego.com
- 韦克斯机器人学，http：//www.vexrobotics.com
- ProtoSnap MiniBot Kit迷你机器人套件，http：//www.sparkfun.com
- LittleBits电路板玩具，http：//littlebits.cc
- 第一乐高联盟，http：//www.firstlegoleague.org/
- 世界中学生机器人竞赛，http：//www.botball.org/

词汇表

Accelerometer 加速度计：工作原理是检测质量块的惯性力来测量载体加速度的敏感装置。

actuator 驱动器：为机器人提供驱动力的装置。

AC alternating current（AC）交流电：以恒定速率来回流动的电流。

amputee 被截肢者：失去胳膊或腿的人。

animatronic 仿真电动：利用电子装置使玩偶或其他逼真的人形玩具自行移动。

App："application"（应用程序）的缩写，是在手机、平板电脑或其他电脑设备上运行的程序。

assembly line 装配线：工厂通过将物料从一台机器或一名工人传递至另一台机器或另一名工人来装配产品的方式。

atoms 原子：物质在化学变化中的最小微粒。

automata 自动机：这里指能够自己运作的机器或机器人。

autonomous 自主：无需人类帮助可自行安排动作和运动的机器人。

BEAM：这里指一种由简易电路控制的利用太阳能供电的仿生机器人。

binary system 二进制：一种仅由0和1组成的、被计算机用于指示开关的打开或关闭状态的数学系统。

bionic 仿生：借了解生物的结构和功能原理，来研制新的技术和新的机械。

Bit 位：由1或0组成的基本信息存储单位。

Boolean logic 布尔逻辑：一种以乔治·布尔（George Boole）命名的将计算机所做的决策转换成肯定或否定问题的方法。

bug 故障：这里指计算机程序的错误。

byte 字节：一组被视为单独信息的八位二进制数。

capacitor 电容器：存储电能并在需要时可立刻放电的电器元件（就像电池一样）。

caster 脚轮：一种可以向任何方向旋转的轮子或球形滚轴。

chatbot 聊天机器人：一种能同人类进行自然语音对话的人工智能程序或机器人。

chemical 化学物质：物质的另一种称法。一些化学物质能够与其他化学物质化合或分离以创造新的化学物质。

circuit 电路：闭合回路中电流所流经的路径。

clean room 洁净室：实验室或工厂内专门用于生产须远离灰尘或污渍的物品的房间。

cloud computing 云计算：将计算机文件或程序存入因特网而非个人电脑。

cochlear implant 人工耳蜗：一种植入皮下神经的电子设备，可帮助失聪患者检测到声波。

code 编码：计算机程序的别称。

communication 交流：与其他人或机器共享信息。

computer 计算机：一种存储和处理信息的装置。

computer program 计算机程序：一组指示计算机按步骤处理信息的指令。

controller 控制器：能够对传感器所探测的情况做出反应的开关、计算机。

Cyborg 赛博格：机械化有机体。

data 数据：这里指计算机处理的信息，通常是以数字形式表示。

debug 排除故障：检查计算机程序以寻找和修正任何代码错误。

degrees of freedom 自由度：机器人效应器或其他部件可移动方位的数目。

DC direct current（DC）直流电：以一个恒定的方向流动的电流。

DIY：Do it yourself 的简称，意为已动手做。

Download 下载：从因特网上将计算机文件复制到个人电脑上。

drive system 驱动系统：轮子、腿以及其他驱使机器人移动的部件。

echo 回声：远处物体反射而出的、反射至声源处的声波。

effector 效应器：让机器人采取影响外界行动的装置（比如手形爪、工具、激光束或显示板）。

electricity 电流：电子运动时释放的一种能量形式。

electromagnet 电磁铁：通电产生电磁的一种装置。

electron 电子：带负电荷的原子的构成单位，它能由一个原子转移至另一个原子。

electronics 电子设备：由微电子器件组成的电器设备。

emitter 发射器：一种发射出光线或声波、其他信号的装置。

engineering 工程：用数学和其他自然科学的原理来设计有用物体的进程。

evolve 进化：生物对外界环境发生反应而产生的改变。

feedback 反馈：将行为结果信息返回给行为执行者/机器。

flowchart 流程图：展示问题解决步骤的图表。

force 力：本节指可改变物体速度和方向的推力或拉力。

gears 齿轮：可将机器人的一个组件的运动转移至另一个组件的带有错齿的轮子。

GPS：全球定位系统，一种利用太空中的不同卫星发射的信号来确定物体在地球上所处的位置的装置。

graphical 图解计算机语言：使用者通过在计算机屏幕上移动小图纸或图像的方式编写程序的编程语言。

hacking 修改：这里指利用电子技术设置命令来改变装置的功能。

humanoid 人形机器人：外形看起来跟人类很像的机器人。

hydraulic 液压系统：通过装满液体的管道来推动或拉出物体的系统。

hypothesis 假设：关于某事发生作用的方式或（和）原因相关的、可通过实验加以检验其正确性的猜想。

if-then-else statement 条件语句（如果-那么-否则语句）：程序中给予计算机两项选择的步骤，这取决于某项测试的答案是“是”还是“否”。

infrared（IR）红外线：一种波长长于可见光的可以以热量的形式被人体感知的光线。

input 输入信息：输入机器或电力系统的信号或信息。

internet 因特网：一个通讯网络，可以让全世界的计算机共享信息。

joint 结合点：机械臂上的部位或其他可弯曲和旋转的部件。

laptop 笔记本电脑：一种小型的便携式电脑。

lever 拉杆：用于物品驱动或调整的控制装置。

lidar 激光雷达：一种通过在物体表面投射光线并测定光线返回所需时间来测定物体间距的装置。

line-following 寻轨：借助传感器检测和追踪地面轨道的机器人。

loop **循环**：按一定的次数运行，被重复操作的一小段代码直到某一特定条件满足为止。

memory **存储器**：计算机内部存储信息的配件。

microcontroller **微型控制器**：跟微型计算机类似的微型装置。

modular robots **模块化机器人**：能独自作业的或能按不同的组合连接在一起，可以形成更大的机器人。

non-Newtonian fluid **非牛顿流体**：既能像固体样保持形状又能像液体样流动的物体。

nuclear **核能**：原子核发生裂变或聚变反应时释放的能量。

nucleus **原子核**：原子的核心部分。

open source **开放源码**：一种设计可被公众免费使用、复制或修改的计算机程序。

output **输出**：机器人的传感器接收输入信息后机器人所采取的行动或其他反应。

passive dynamic **被动动态**（**行走**）：仅靠重力就能在下坡路面呈稳定的周期步态。

photoresistor **光敏电阻传感器**：通过光照强度来改变电流的电阻大小的光传感器。

pixel **像素**：数字图像的小单元。

plasma torch **等离子焊炬**：一种可通过带电气体流将金属板击穿的工具。

pneumatic **气压系统**：可借助装满空气或其他气体的管体推拉物体的系统。

portable **便携式**：便于携带和控制的。

powered exoskeleton**动力外骨骼**：一种穿戴后可为患者增加人体能力的“机器人套装”。

punch card **穿孔卡片**：一种有孔的薄纸片，利用孔洞位置或其组合来表示信息。穿孔卡片会给机器或者计算机发布指令。

radar **雷达**：一种探测物体的装置。工作原理是向物体发射微波或无线电波并计算微波或无线电波从物体反弹回来的时间，由此定位物体。

radioactive **放射性**：某些元素的不稳定原子核自发地放出射线而衰变的性质。

radio transmitter **无线电发射机**：收音机中可以发送信号的部分。

robot **机器人**：能够感知、思考及行动的机器装置。

roboticist **机器人专家**：研究机器人的科学家。

robotics **机器人学**：与机器人设计、制造、控制及操作相关的科学。

scavenged **回收**：将坏掉的或不再使用的东西变废为宝。

science fiction **科幻小说**：小说的背景设定在未来，内容与其他世界以及想象的科学和技术有关。

semiconductor **半导体**：一种能够根据某些特定条件改变所载电荷量的材料，如硅。

Sense-Think-Act Cycle **“感知、思考、行动”循环**：机器人的决策过程。

sensor **传感器**：在机器人学中，传感器是探测外界情况的装置。

servo **伺服**：这里指可以以电子的方式加以控制的电动机。

silicon **硅**：一种存在于黏土和沙粒中的、用于制作计算机配件的非金属元素。

smart home **智能之家**：房间内所有的电子设备都被电脑监测或控制。

smartphone **智能手机**：像简易电脑一样具有玩游戏、发送电子邮件、观看电影等功能的手机。

social robot **社交机器人**：被设计用来同人类交谈、玩耍或共事的仿真型机器人。

solar cell **太阳能电池**：将太阳光中的能量转换成电能的装置。

solenoid **螺线管**：可向上、向下推动控制杆的电磁装置。

sonar **声呐**：一种通过检测声波从物体处反射的时间从而测量物体距离声源远近的方式。

stability **稳定性**：物体在合适的位置上所处的稳固情况。

subroutine **子程序**：被赋予一个名称的，仅仅通过插入该名字便能在程序中被多次使用的一小段代码。

swarm **群体机器人**：一群一样的机器人，就像一个团队一样一起工作。

switch **开关**：控制电路中电流的流动状况的装置。

syringe **注射器**：一种将液体输入体内或从体内抽出液体的医疗器械。

tablet **平板电脑**：用触摸屏代替键盘输入信息的简易、平坦便携式电脑。

technology **技术**：为做某事而使用的科学的或机械的工具和方法。

telepresence **远程呈现**：一种利用视频、其他传感器和显示屏让某地的某人看起来像是身处另一个地方的自动装置。

terminal **终端**：电池上电流流出的部位。

theremin **特雷门琴**：一种不用接触琴键只需将手移至其周围便可演奏不同音符的电子乐器。

torque **扭矩**：让物体转动或旋转的力的大小。

transistor **晶体管**：一种由固块材料制成的、用作电路开关的电子元件。

Turing test **图灵测试**：一种测试计算机是否具备人类智能的方法。

ultraviolet（UV）**紫外线**：波长短于可见光的一种光线，也被称为“黑光”。

UAV Unmanned Aerial Vehicles（UAV_s） **无人飞行器**：无需飞行员操纵即可飞行的飞机和其他飞行器。

vacuum tube **真空管**：外形似灯泡的、用作早期计算机和其他设备开关的电子元件。

vibrobot **震动机器人**：一种机器人一样，通过震动电机来移动的玩具

weld **焊接**：指通过将金属配件加热直至软化的方式接合金属配件的过程。

英语能力同步提升：原汁原味的中英对照版学科知识点，让你不出国门也能跟美国孩子一起学习最新科学知识，提高英文阅读水平。

机器人的世界

机器人能做许多不同类型的工作，比如装配大型汽车、组装微型计算机芯片、协助医生进行精细的外科手术。或许你还能拥有一个帮你清扫房间或修剪草坪的机器人。在战场上，机器人常用于搜寻隐藏的炸弹。我们还派遣机器人去探索深邃的海洋和广袤的宇宙。

当然，机器人并不只是为我们做一些危险、棘手或枯燥的工作。它还可以跟我们一起玩耍，能遵循我们的指令，读懂我们的情绪并给予回应；宠物机器人还能陪伴养老院的老人；音乐机器人能为音乐家伴奏。

制作机器人是一项广受欢迎的活动。大人和小孩都喜欢用成套的工具或自己找到的零件来制造属于他们自己的机器人。机器人爱好者们在家中，或和同伴在机器人俱乐部里设计出了各种各样有趣的机器人。

机器人或许只是机器，但是有很多人想把机器人打造得跟真人一样。或许有一天，我们会让机器人看起来跟我们人类一模一样。

THE WORLD OF ROBOTICS

Robots can do many different kinds of jobs, like assembling massive cars and tiny computer chips. They help doctors perform delicate surgery. Maybe you have a robot that vacuums your house or mows your lawn. In war zones, robots hunt for hidden bombs. We send robots to explore the depths of the ocean and the expanse of space.

But robots don't just do dangerous, tricky, or boring work for us. Robot toys play with us, follow our commands, and respond to our moods. Experimental robot pets keep people company in nursing homes. Musical robots accompany popular musicians.

Robotics is also a popular hobby. Kids and adults enjoy making their own robots from kits, or from parts they find themselves. Lots of interesting robot designs have been built by robotics fans working in their own homes or with other people in robotics clubs.

Robots may be machines, but for many people the goal is to build robots that act as if they're alive. Maybe one day we'll have robots that seem almost as human as we are.

机器人到底是什么？

在大多数机器人专家看来，机器人就是一个具备“感知、思考、行动”循环功能的机器。

当然，并不是所有的机器人专家都认同有关机器人的“感知、思考、行动”的定义。一些机器人专家认为机器人是可以自行采取行动的机器，即便是没有“大脑”的机器人也能够行动自如，而有些机器人则是随意乱走，还有些机器人会自动对传感器接收的信号作出反应。

这些不带计算机或微型控制器但可以采取行动的简易机器人吸引了越来越多的研究者和机器人爱好者。与带有控制器的机器人相比，这一类型的机器人的价格更低廉且容易制造。科学家也可把它们当作模型，用于制造更加复杂的机器人。

WHAT IS A ROBOT, EXACTLY?

To most roboticists, a robot is a machine that can go through the Sense-Think-Act Cycle.

Not all roboticists agree with the "Sense-Think-Act" definition of a robot. Some believe that a robot is any machine that can act on its own. Even robots that don't have "brains" can behave in surprisingly lifelike ways. Some move around at random. Others react automatically to signals from their sensors.

More and more researchers and hobbyists are interested in these simple, behavior-based robots without computers or microcontrollers. They are cheaper and easier to build than robots with controllers. And they can be used as models to help scientists build more complicated robots.

机器人的发展

直到20世纪40年代人类发明了电子计算机，才使制造出能自行感知、思考及行动的机器人成为可能。在此之前，自动机已经为我们做了很多工作，还为我们带来了许多欢乐。

今天，人们以各种各样的方式制造、研究及使用机器人。在家中，人们指挥机器人做日常工作。政府机器人研究人员研制出了专门用于军事和科学探险的机器人，这种机器人的体力与耐力极好。机器人爱好者和艺术家们为机器人增添了更多的创意，他们使用成套材料、零件及回收设备来制造机器人。商人则和工程师一起想办法让机器人变得更便宜并且更实用，由此吸引更多公司和个人来购买。

在医院，机器人可以帮忙做很多事情，从打杂跑腿到帮助医生执行高级手术，样样精通。例如我们给外形如一个滚动式储藏柜的“助手机器人”（HelpMate）编程来给病人送药、送饭、递交病历和照X光，它甚至还能自行乘坐电梯！

在手术室，“达芬奇外科手术系统”可协助医生使用微型器械，医生通过观察一台3D大屏幕来移动控制装置，机器人通过其4只机械臂来复制医生的每个手部动作。

DEVELOPMENT OF ROBOTICS

Robots that can sense, think, and act for themselves have only been possible since electronic computers were invented about 50 years ago. But long before that, automata were already entertaining and doing work for humans.

People build, study, and use robots today in many different ways. At home, people use robots for their everyday tasks. Government robotics researchers develop rugged robots for use in the military and in scientific exploration. Hobbyists and artists get creative with robots they build themselves from kits, parts, and salvaged equipment. And business people work with engineers to make robots less expensive and more useful so that more people and companies will buy them.

In hospitals, robots do everything from run errands to help doctors perform advanced operations. The HelpMate looks like a rolling storage cabinet. It can be programmed to deliver drugs, meals, medical records, and X-rays. It can even take the elevator by itself!

In the operating room, the da Vinci Surgical System helps doctors work with miniature tools. The doctor watches a 3D video magnifier screen and moves the controls. The robot copies each movement of the doctor's hands with its four mechanical arms.

外壳：机器人的身体

机器人形态各异、尺寸不一，从微观机器人到大型自动化起重机不等。此外，机器人几乎可以由任何材质制成，可以是弹性纤维，也可以是最坚韧的塑料。许多工业机器人、军用机器人和探测型机器人看上去就如同日常使用的工具或交通工具。

机器人玩具和社交机器人看起来往往像是填充动物玩具。无人飞行器的外形像喷气式飞机、微型直升机或小昆虫。人形机器人往往有脸部、双臂和双腿。如果是金属制成的话，人形机器人活像一个老式机械人。如果它的外壳可以像人的皮肤一样柔软，那么如此真实的人形机器人可能会吓到你！

机器人设计师在决定为他们想要制造的机器人选用最佳材质之前需要思前想后，是制造重型机器人以保证它能经受住撞击呢？还是尽量减轻机器人的重量以节约运动过程中的能量消耗？有必要尽量让机器人结实牢固以承受重负吗？还是要让它尽量灵活柔韧？在极端环境下工作的机器人是采用坚固的金属还是塑料的框架和外壳呢？

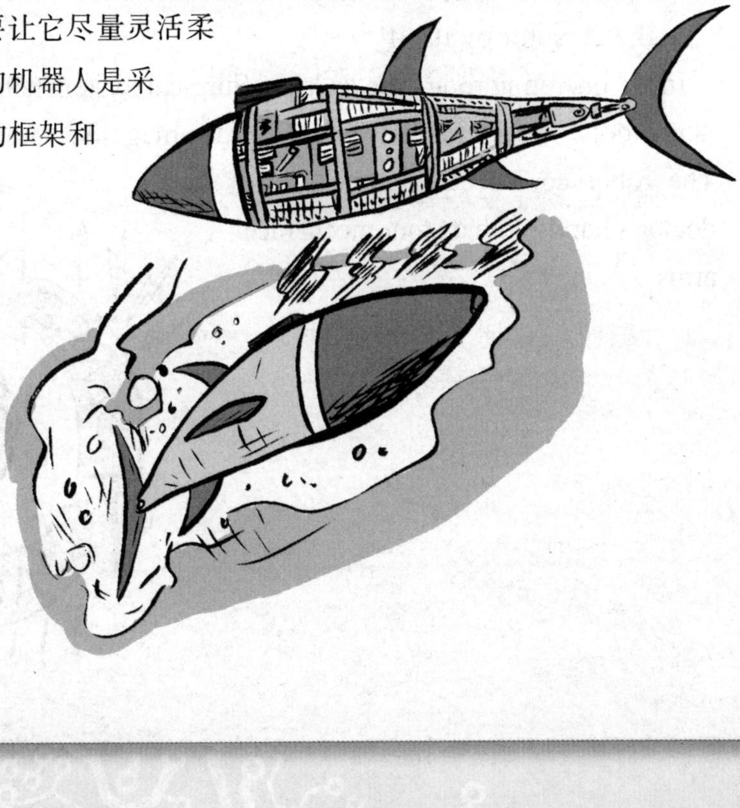

HOUSING: ROBOT BODIES

Robots come in every shape and size imaginable. They range from microscopic research bots to giant automated cranes. And they can be made out of almost any kind of material, from stretchy fabric to the toughest plastic. Many industrial, military, and exploration robots look like everyday tools or vehicles.

Robot toys and social robots often look like stuffed animals . UAVs resemble blisteringly fast jet planes, whirring miniature helicopters, or tiny insects. A humanoid robot usually has a face, two arms, and two legs. It can look like an old-fashioned mechanical man if it's made out of metal. But if its covering is soft and squishy like skin, it can look so real, it might scare you!

Robot designers have to think about a lot of things to decide which materials will work best for the machine they want to build. Will the robot need to be heavy to withstand a pounding? Or should it be as light as possible to save on the energy it needs to move? Does it have to be rigid enough to carry a heavy load? Or should it be flexible and bendy? Will the robot be working under extreme conditions and need a sturdy metal or plastic framework and covering?

效应器：机器人如何工作

效应器是所有机器人用来对外部世界发生反应的装置。手臂、夹具、工具、武器、光源或扬声器都能充当效应器。

工业机械臂的效应器可能是油漆喷枪或电焊机。美国国家航空航天局的火星探测器的效应器就是一种能将火星表面的岩石标本磨碎的工具。能像艺术创作机器人一样绘画的机器人的效应器则是钢笔，“绘蛋机器人”便是其中之一，它是一款能在蛋壳上绘制精美图案的可编程机器人。

另外一种效应器是能放大使用者动作的动力外骨骼。一些像“重新行走”一样的动力外骨骼能帮助残疾人士更自然地行走，其他一些动力外骨骼能像机器人套装一样给运动能力一般的人额外的力量并提高他的行走速度。

EFFECTORS: HOW ROBOTS DO THINGS

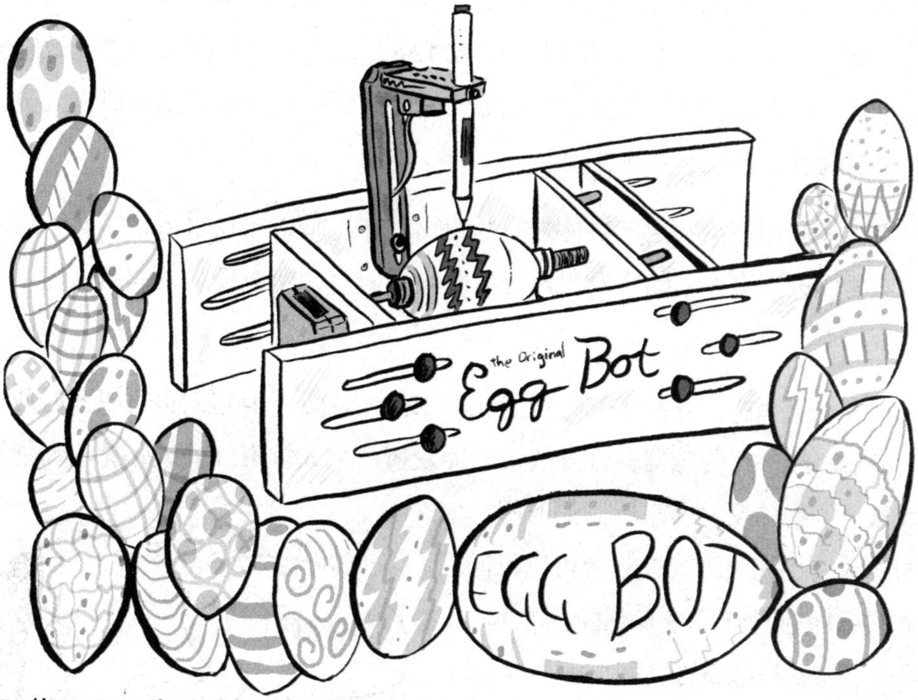

Anything a robot uses to affect the outside world is called an effector. An effector might be an arm, gripper, tool, weapon, light, or speaker.

On an industrial robot arm, an effector can be a paint gun or a welder. One of the effectors on NASA's Mars rovers was a tool to grind up rock samples from the planet's surface. Robots that draw, like our Art-Making Vibrobot, use pens for effectors. So does the Eggbot, a programmable robot that draws detailed designs on eggshells.

A powered exoskeleton that magnifies the user's motions is another kind of effector. Some, like the ReWalk, help disabled people move more naturally. Others work like a robotic suit to give a person with ordinary abilities extra strength and speed.

传感器：机器人如何知道发生了什么

老虎、海豹和老鼠通过胡须来感知所接触到的东西，机器人则将人工晶须作为自己的传感器。在黑暗、多尘环境中或是在水下，晶须的工作能力要比光敏感器或摄像机更强。晶须碎裂后，更换成本也更低。美国国家航空航天局的研究人员已经在其火星探测器上进行了晶须试验。

机器人能利用声呐判定与物体之间的距离。在黑暗中或在水下，蝙蝠和鲸能通过声呐对物体进行定位，动物发出声音后会倾听回声，回声反射时间越长，物体就越远。

机器人也能像蛇一样利用红外线感应器来探测热量，但它们也可以同时使用红外线发射器和红外线传感器。红外线反射器发射一束或多束红外线，感应器能测量红外线从前方物体反射回来所需的时间。前文提到的凯耐克特视频游戏控制台可以以同样的方式，即通过红外线来判断你在移动时身体、臂膀和腿部的位置。

SENSORS: HOW ROBOTS KNOW WHAT'S GOING ON

Tigers, seals, and rats use their whiskers to feel things they brush up against. Robots can use artificial whiskers as touch sensors, too. In dark or dusty conditions or underwater, whiskers work better than light sensors or cameras. They're also cheaper to replace if they break. NASA researchers have experimented with whiskers on their Mars rovers.

With sonar, robots can use sound waves to tell how far away something is. Bats and whales use sonar to locate objects in the dark or underwater. The animals make sounds and then listen for an echo. The longer it takes for the echo to reach them, the farther away the object.

Robots can use IR sensors like snakes do, to detect heat. But they can also use an IR emitter and an IR sensor together just like sonar. The emitter sends out one or more beams of IR light, and the sensor measures how long it takes for the light rays to bounce back off the object in front of them. The Xbox Kinect video game console uses IR light this way to tell where your body, arms, and legs are as you move around.

计算机语言

对人类而言，与他人交谈是件自然的事情，但是计算机是以二进制代码的方式思维，难以理解人类的语言。于是我们选用一种特殊的计算机语言来和机器人“大脑”交流。事实上，计算机语言种类繁多，程序员在工作中会选用最恰当的语言。现在一些常用的计算机语言包括C++、Java以及Python。程序员可以使用这些计算机语言来做任何事情，从构建网站到制作动画，一直到编写视频游戏，当然，也可用来为机器人编写程序。

也有一些专门为学生和初学者设计的简单程序。培基（代表“初学者的全方位符式指令代码”）是许多老年人学习的第一个计算机语言。代码与英语类似，因此与更高级的计算机语言相比，培基更容易识记。还有许多专为儿童设计的计算机语言。一些语言用到的指令非常简单，其他一些则是图解计算机语言。

根据编程……
如果天气温暖，
阳光灿烂……
那么我要买
冰激凌。
ROBOT

COMPUTER LANGUAGES

For humans, talking to other people is natural. But a computer thinks in binary code. That makes it hard for a computer to understand human language. So to communicate with a robot's brain, we use a special computer language. In fact, there are many different kinds of computer languages. Programmers can choose the language that is best suited for the job. Some popular computer languages in use today include C++, Java, and Python. These are used for everything from building web sites to animations to video games. They are also used to program robots.

There are also simple programs designed for students and beginners. BASIC (which stands for Beginners' All-purpose Symbolic Instruction Code) is the first computer language many older adults learned. The codes used are similar to English, so they are easier to remember than more advanced computer languages. There are even a number of computer languages meant for kids. Some use very simple commands. Others are graphical.

人工智能（AI）、社交机器人及机器人学的未来

为机器人编写程序供其“思考”是一回事，而赋予它们与人类一样的思维能力又是另外一回事。自机器人被发明的那天起，这便成了科学家长久以来苦苦追寻的目标。虽与目标相隔甚远，科学家也在不断向它靠近。

毫无疑问，即使与最伟大的数学高手相比，机器人解决数学问题的速度和准确度还是要技高一筹，但是计算机的决策能力和在新环境下处理问题的能力与人类相比实在是相形见绌。人工智能（AI）的核心就是探究让机器人大脑更加智能化的方法，以达到不必让人类给出行动指令的目的。

一些科学家已经不满足于仅仅设计出具有人类思维能力的机器人了。他们希望开发有着人类性格的机器人。社交机器人温和友善、惹人喜爱。许多研究人员相信人们比较容易和具有情感表达能力的机器人一起共事。

AI, SOCIAL ROBOTS, AND THE FUTURE OF ROBOTICS

It's one thing to program a robot to "think." But getting it to think like a human? That's a goal scientists have been working on since computers were developed. And they're not quite there yet, but getting closer every day.

It's true that computers can solve number problems faster and more accurately than even the greatest math whiz. But when it comes to making decisions and figuring out what to do in a new situation, people still have computers beat. The science of Artificial Intelligence (AI) is all about figuring out how to make computer brains smarter, so they don't need people to tell them what to do.

Even thinking like a human isn't enough for some scientists. They'd like to develop robots with personalities! A social robot can be friendly, and even lovable. Many researchers believe that robots that show feelings are easier for human beings to work with.

四下移动：驱动程序

直立行走对人类来说是件轻而易举的事情，但是对机器人来说，这事儿就不那么容易了。人类在挪步的时候大脑会自动协调身体平衡以防止跌倒，然而如果想让机器人在站立、行走、跑动或爬楼梯的时候依然保持机身平衡，则需要对其编制大量复杂的程序。

“阿西莫”（ASIMO）是最著名的仿人行走机器人之一，这个名字的意思是“高级步行创新移动机器人”（ASIMO是Advanced Step in Innovative Mobility的简写），看它的名称就知道该机器人采用了新型移动法。这款机器人自从2000年被本田汽车公司成功研发后，研究人员就一直在对其做进一步的升级和改造。最新版本的阿西莫能在身体失去平衡后通过脚部快速移动来恢复平衡。

GETTING AROUND: DRIVE SYSTEMS

Walking on two legs may be easy for humans, but not for robots. In humans, the brain automatically adjusts our bodies every time we move to keep us from falling over. To get a robot to balance while standing, walking, running, or going up stairs takes a lot of complicated programming.

One of the most well-known walking humanoid robots is ASIMO. The name stands for "Advanced Step in Innovative Mobility," which means it uses new ways to get around. The Honda car company developed ASIMO in 2000 and has been upgrading and improving it ever since. The latest version of ASIMO is able to catch itself when it loses its balance by quickly moving its feet.

机器人V.S.人类

长久以来人们都在讨论机器人对人类是有益的还是有害的。《我，机器人》的作者艾萨克·阿西莫夫提出了“机器人三定律”。规定这些定律的目的是确保机器人不会对人类造成伤害。

第一定律：机器人不得伤害人类，也不得见人类受到伤害而袖手旁观。

第二定律：机器人应服从人的一切命令，但不得违反第一定律。

第三定律：机器人应保护自身的安全，但不得违反第一、第二定律。

随后又进一步提出第四条定律：机器人不得伤害人类整体，或坐视人类整体受到伤害而袖手旁观。但事实证明，现实生活中，违反阿西莫夫定律的现象随处可见，很多时候机器人被人们用来打仗或发动恐怖袭击。

ROBOTS VERSUS HUMANS?

People have long wondered whether robots are helpful or harmful. In *I, Robot,* author Isaac Asimov created three Laws of Robotics. The laws were designed to make sure that robots would not be able to harm humans.

Law 1: A robot may not injure a human being or, through inaction, allow a human being to come to harm.

Law 2: A robot must obey orders given to it by human beings, except where such orders would conflict with the First Law.

Law 3: A robot must protect its own existence as long as such protection does not conflict with the First or Second Law.

A fourth law was later added: A robot may not injure humanity or, through inaction, allow humanity to come to harm. As it turns out, Asimov's Laws have not been followed in real life. Robots are often used to fight wars and terrorism.

资源

推荐几个超棒的网站，赶紧点开看看吧，你和你的小伙伴们会惊呆的！

- Instructables网站：简易机器人怎样从零开始制作电池配电机器人
  www.instructables.com/id/Simple-Bots/
- 机器人联盟项目网站
  美国国家航空航天局为学生和公众创立的机器人学网站
  www.robotics.nasa.gov
- 机器人协会
  提供众多机器人制作教程和答疑论坛
  www.societyofrobots.com
- 机器人杂志
  面向普通读者发布，与学生、业余爱好者和机器人消费相关的动态新闻
  www.botmag.com
- 爱上制作："机器人学指南"项目从《爱上制作》（*Make Magazine*）杂志摘录的各种有用信息
  www.makeprojects.com/c/Robotics
- 一起制作机器人吧
  另一个供机器人业余爱好者分享图片、教程等的网站
  www.letsmakerobots.com
- 泰德说（TEDTalks）
  由发明家、科学家和其他思想家发表简短演讲的视频节目
  www.ted.com

《酷玩百科》全 20 册

创造你自己的机器人
ROBOTICS

计时：时间的历史和科学
TIMEKEEPING

食物大变身
FOOD

垃圾的命运
GARBAGE

奇妙的人体
THE HUMAN BODY

AMAZING MATH
有趣的数学

超级棒的桥梁与隧道
BRIDGES AND TUNNELS

PLANET EARTH
保护我们的地球

探险南北极
AMAZING ARCTIC&ANTARCTIC

神奇的太阳系
AMAZING SOLAR SYSTEM

能源大探秘
ENERGY

NATURAL DISATERS
可怕的自然灾害
探索地球上最具破坏力的力量

生物群落的秘密地图
AMAZING BIOME

跟航海家一起冒险
EXPLORERS OF THE NEW WORLD

THE SILK ROAD
重返丝绸之路

不可思议的玛雅文明
MAYA

在神话世界里旅行
AND LEGENDS WORLD MYTHS

THE INDUSTRIAL REVOLUTION
工业革命的小秘密
探索科学和技术如何改变世界

回到古埃及
ANCIENT EGYPT

揭秘世界七大奇迹
SEVEN WONDERSOF THE WORLD